新世纪计算机课程系列规划教材

计算机测控技术

主　编　蔡建文　温秀兰

副主编　孟　飞　李　辉

　　　　李洪海　邢绍邦

U0254835

东南大学出版社

SOUTHEAST UNIVERSITY PRESS

·南京·

内 容 简 介

本书从微型计算机测控系统实际应用出发,系统地介绍了计算机测控系统的设计和工程应用。全书共分7章,主要包括:测控系统的接口电路设计、测控系统的数据处理及控制理论、测控系统的软件设计、测控系统的可靠性及抗干扰技术、测控系统的总线技术和计算机测控系统设计方法与实例等。

本书注重理论与实践相结合和本学科新技术的应用,列举了多个实际开发例子,各章后附有习题,便于教学和实际应用。

本书可作为应用型本科高校自动化、机电一体化、测控技术与仪器等专业的本科及硕士研究生教材,也可作为从事测控技术研发工作的工程技术人员的参考书。

图书在版编目(CIP)数据

计算机测控技术/蔡建文,温秀兰主编. —南京:东南大学出版社,2016.12

新世纪计算机课程系列规划教材

ISBN 978 - 7 - 5641 - 6910 - 7

Ⅰ.①计… Ⅱ.①蔡… ②温… Ⅲ.计算机测控技术—控制系统设计—高等学校—教材 Ⅳ.①TP273

中国版本图书馆 CIP 数据核字(2016)第 317892 号

计算机测控技术

出版发行	东南大学出版社	
出 版 人	江建中	
社 址	南京市四牌楼 2 号	
邮 编	210096	
经 销	全国各地新华书店	
印 刷	武进第三印刷有限公司	
开 本	787 mm×1092 mm 1/16	
印 张	11.75	
字 数	300 千字	
版 次	2016 年 12 月第 1 版	
印 次	2016 年 12 月第 1 次印刷	
书 号	ISBN 978 - 7 - 5641 - 6910 - 7	
印 数	1—2500 册	
定 价	30.00 元	

(本社图书若有印装质量问题,请直接与营销部联系。电话:025 - 83791830)

前　言

信息技术的发展给人们的生产、生活带来了巨大的变化,信息越发达、自动化程度越高,对计算机测量与控制技术的依赖要求就越来越高。随着科学技术的飞速发展,计算机测控系统不断引入新的硬件、软件因素,构造设计的测控系统呈现出标准化、集成化、网络化和智能化等特点。

本书为面向各类高校,尤其是应用型本科院校的测控技术与仪器、自动化、电气工程及其自动化、机械设计及其自动化、电子信息工程等专业编写的专业课教材;也可作为从事计算机测量与控制技术的工程技术人员的参考用书。

全书共分7章,第1章绪论主要介绍计算机测控系统的定义、特点、组成、类型、发展;第2章主要介绍开关量输入/输出接口、模拟量输入/输出接口、输入/输出信号的隔离、常用控制元件接口等;第3章主要介绍测控系统的数据处理及计算机控制理论;第4章介绍了测控系统的软件设计;第5章主要介绍了测控系统的硬件抗干扰技术和软件抗干扰技术;第6章对测控系统的总线与通信技术进行了详细的介绍;第7章重点分析了计算机测控系统设计方法,并对相关测控系统实例进行了介绍。

本书由常州工学院蔡建文和南京工程学院温秀兰任主编,常州工学院孟飞、李辉,淮阴工学院李洪海,江苏理工学院邢绍邦任副主编。其中,李辉编写第1章,蔡建文和孟飞共同编写第2章,李辉编写第3章,温秀兰、李洪海和邢绍邦共同编写第4章,蔡建文和孟飞共同编写第5章,孟飞编写第6章和第7章。

全书在编写过程中参考并引用了许多文献,在此向参考文献作者表示衷心的感谢。限于编者水平,编写时间紧,任务量大,书中难免出现错误与不足之处,恳请读者批评指正。

编　者

2016 年 10 月

目　　录

1 绪论

随着计算机技术、微电子技术、通信技术以及传感技术的飞速发展,计算机在过程自动化、工厂自动化、计算机综合生产系统等自动化领域中得到越来越广泛的应用。在工业生产过程中,利用计算机对生产过程进行自动监控、产品质量自动检验、能源自动检测与管理,使得工业生产可以安全平稳地运行,并实现了工业过程的自动化控制。计算机测控技术对于提高产品的质量与产量、降低成本、保障生产安全、改善工作条件、减轻劳动强度、节省能源与材料、实现生产过程的优化控制及科学管理都具有十分重要的作用。因此这种基于计算机技术、自动化控制技术、通信技术及传感技术而建立起来的,以计算机为核心部件的控制系统称为计算机测控系统。

1.1 计算机测控系统的定义

随着计算机技术在工业控制领域的普遍应用,它已成为自动化控制技术不可分割的重要组成部分。计算机测控系统是将检测技术、控制工程、仪器仪表制造融为一体,以嵌入式系统、信息处理与电子技术为主,软硬件兼顾的技术。涉及范围十分广泛,不仅包含系统的数学模型、传感器与测试系统、信号调理、图像处理技术以及微弱信号检测技术,还包括数字控制系统、计算机测控系统、现场总线系统以及基于因特网的远程测控系统等。

在自动控制系统中,典型的闭环控制系统如图 1.1 所示。

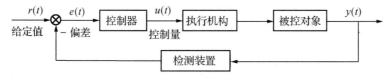

图 1.1 闭环控制系统框图

首先,控制器接收输入给定值,然后将控制信号发送到执行机构,驱动其工作;与此同时,检测装置对被控对象的被控参数进行实时测量,变送单元再将被测参数,如:压力、转速、温度等参数转变成电压或电流信号,传送给控制器。控制器再将反馈信号与输入给定值进行比较,如果出现偏差,控制器将发出新的控制信号给执行机构,同时修正执行机构的控制策略,使得被控参数达到规定值。

　　计算机测控系统是将计算机测量与控制相结合,并借助一些辅助部件与被控对象相联系,从而获得一定的控制目的。图 1.2 中,计算机通常指数字计算机,可以有各种规模,不仅可以是微型机,也可以是大型通用或专用计算机。辅助部件主要指输入/输出接口、检测装置和执行器等。与被控对象之间的联系,可以是有线方式,如通过电缆的模拟信号或数字信号进行联系;也可以是无线方式,如用红外线、微波、无线电波、光波等进行联系。

　　由于计算机具有很强的运算、逻辑和判断能力,因此将计算机引入工业控制系统不仅拓展了工业控制领域的发展空间并且带来了新的发展机遇。工业控制过程中的被控参数经过传感器和变送器之后,将被转换为统一的标准信号,并被送入 A/D 转换器,转换完成后的数字量通过计算机接口送入计算机;计算机接收到反馈量后,将其与给定量进行比较并求出偏差,依据一定的控制规律对该偏差值进行计算并得出控制量;利用 D/A 转换器可以将控制量转换成模拟控制信号,并最终传送给执行机构。

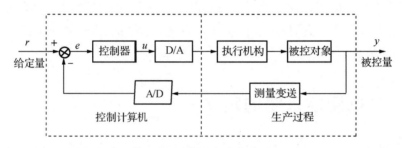

图 1.2　计算机测控系统框图

　　计算机测控系统的控制过程可以归纳为以下三个方面:

　　第一,数据采集。由于数据采集的目的是为了测量电压、电流、温度、压力或声音等物理现象。而采集的数据大多是瞬时值,变化激烈并且转瞬即逝,如不及时采集便会丢失。因此应将被控对象输出的信息及时地转换为相应的模拟电信号,并利用计算机进行采样,将采样信号保存到内存中,从而完成实时数据采集。

　　第二,控制决策。利用计算机,对采样数据进行比较、分析和判断,从而计算出生产过程参数是否偏离预定值,是否按照预定的控制规律进行运算,是否达到或超过安全极限值,实时地作出控制决策。

　　第三,控制输出。依据控制决策,对输入作出快速响应、快速检测和快速处理,实时地对执行机构发送控制指令,完成整个系统的控制任务。

　　计算机测控系统中的实时性,是指信号的输入、计算和输出都要在规定的时间内完成。计算机对输入信息,以足够快的速度进行控制,超出了这个时间,就失去了控制的时机,控制也就失去了意义。

　　实时的概念不能脱离具体过程,一个在线的系统不一定是一个实时系统,但一个实时控制系统必定是在线系统。所谓在线系统,就是指在计算机控制系统中,生产过程和计算机直接连接,并受计算机控制的方式称为在线方式或联机方式。反之,生产过程不和计算机相连,且不受计算机控制,而是靠人进行联系并做相应操作的方式则称为离线方式或脱机方式。实时性一般要求计算机具有多任务处理能力,以便将测控任务分解成若干并行执行的多个任务,加快程序执行速度;在一定的周期时间内对所有事件进行巡查扫描的同时,可以随时响应事件的中断请求。计算机测控系统中,要求必须按照规定时间完成的控制任务称为硬实时,不能做任意更改;对于控制任务可以做某些时间上的变更,在某一时间段完成即可,没有严格的完成次序的控制任务称为软实时。硬实时和软实时相比,硬实时容易因局部错误而导致控制失效,而软实时则容错率较高,某一时刻可能会出现短时间失效但系统能够快速恢复。

计算机测控系统实时性的改善可以通过对系统设置中断,根据事件处理的轻重缓急,预先分配中断级别,一旦事件发生,根据中断优先级别进行处理,保证最先处理紧急事件。及时响应外部事件的请求,在规定的严格时间内完成对该事件的处理,并控制所有实时设备和实时任务协调一致的工作。同时,改善控制系统网络的实时性。控制网络中的实时控制信息主要用于对企业生产过程进行控制,这种信息要求实时性比较高,信息交换频繁,信息类型确定,网络负载也相对比较稳定。改善网络的通信协议:包括媒体的访问控制方式、网络通信协议的层次结构、传输的可靠性、有无连接控制等,以此来提高系统的实时性。

1.2　计算机测控系统的组成

计算机测控系统由控制部分和被控对象组成,其控制部分包括硬件部分和软件部分。计算机测控系统软件包括系统软件和应用软件。系统软件一般包括操作系统、语言处理程序和服务性程序等,它们通常由计算机制造厂为用户配套,有一定的通用性。应用软件是为实现特定控制目的而编制的专用程序,如数据采集程序、控制决策程序、输出处理程序和报警处理程序等。由于被控对象的不同,需要完成的控制任务也不同,因此各个计算机测控系统的实际结构千差万别。但总体而言,它们都具有共同的结构特点。

1.2.1　计算机测控系统的硬件组成

计算机测控系统的硬件通常由计算机、过程输入/输出接口、输入/输出通道、操作平台和通用外部设备等组成,如图 1.3 所示。

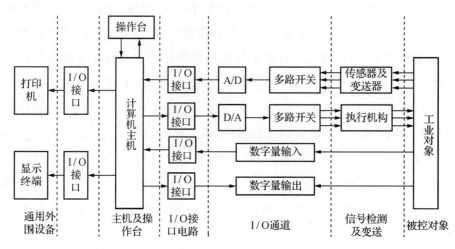

图 1.3　计算机测控系统的硬件组成

1）主机及操作台

主机是对生产过程及机电设备、工艺装备进行检测与控制的工具总称。通常是由中央处理器、硬盘、存储器、外设及接口组成,并有操作系统、控制网络和协议、计算能力、人机界面。主要进行数据采集、数据处理、逻辑判断、控制量计算、越限报警等,它是整个计算机测控系统的核心部件,通过接口和系统软件对各个机构发出指令,再依据反馈数据比较、分析和判断生产过程参数是否偏离预定值,作出控制决策并发出控制指令,指挥全系统有条不紊地协调工作。

操作台是人机对话的联系纽带,操作人员可通过操作台向计算机输入和修改控制参数,发出各种操作命令,计算机可向操作人员显示系统运行状况,发出报警信号。操作台一般包括各种控制开关、数字键、功能键、指示灯、声讯器、数字显示器或 CRT 显示器等。

2）接口电路

接口电路是计算机之间、计算机与外围设备之间、计算机内部部件之间起连接作用的逻辑电路,它是主机与外部设备进行信息交换的桥梁。常用的接口有可编程并行接口芯片 8255 和可编程串行接口芯片 8251 等。

3）过程输入/输出通道

过程输入/输出通道是计算机和工业生产过程相互交换信息的桥梁,根据过程信息的性质及传递方向,过程输入/输出通道可分为模拟量输入通道、模拟量输出通道、数字量输入通道和数字量输出通道。模拟量输入通道是把被控对象的过程参数,如温度、压力,流量、液位等模拟信号转换成计算机可以接收的数字量信号。模拟量输出通道是将计算机处理后的数字信号转换成模拟量电压信号或电流信号,驱动相应的执行机构,从而达到控制目的。数字量输入通道是用来将生产过程中的数字信号转换成计算机易于识别的形式。数字量输出通道是将计算机输出的数字信号转换成对生产过程进行控制的数字驱动信号。根据现场负荷的不同,可以选用不同的功率放大器件构成不同的开关量驱动输出通道。过程输入/输出通道与计算机交换的信息类型有三种,分别是数据信息、状态信息和控制信息。数据信息是反映生产现场的参数及状态的信息,包括数字量、开关量和模拟量;状态信息又称为应答信息或握手信息,它反映过程通道的状态;控制信息用来控制过程通道的启动和停止等信息(见图 1.4)。

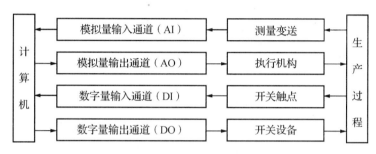

图 1.4　计算机过程输入/输出通道

4) 传感器和执行机构

计算机测控系统中,为了实现对生产过程或外部环境的测量及控制,需要对各种参数进行采集,如温度、流量、压力、液位、转速等。因此需要利用传感器将非电量信号转换为电信号,或其他所需形式的信息输出,再通过变送器将这些电信号转换为统一的标准信号,然后送入计算机,以满足信息的传输、处理、存储、显示、记录和控制等要求。传感器的特点包括:微型化、数字化、智能化、多功能化、系统化、网络化。它是实现自动检测和自动控制的首要环节。根据其基本感知功能可分为热敏元件、光敏元件、气敏元件、力敏元件、磁敏元件、湿敏元件、声敏元件、放射线敏感元件、色敏元件和味敏元件等十大类。

常用的传感器有以下几类:

(1) 温度传感器

温度传感器是指能感受温度并转换成可用输出信号的传感器。按测量方式可分为接触式和非接触式两大类,按照传感器材料及电子元件特性分为热电阻和热电偶两类。接触式温度传感器的检测部分与被测对象有良好的接触,又称温度计。常用的温度计有双金属温度计、玻璃液体温度计、压力式温度计、电阻温度计、热敏电阻和温差电偶等。它们广泛应用于工业、农业、商业等部门。随着低温技术在国防工程、空间技术、冶金、电子、食品、医药和石油化工等部门的广泛应用和超导技术的研究,低温温度计也得到了快速的发展。如低温气体温度计、蒸汽压温度计、声学温度计、顺磁盐温度计、量子温度计、低温热电阻和低温温差电偶等。非接触式温度传感器,它的敏感元件与被测对象互不接触,又称非接触式测温仪表。这种仪表可用来测量运动物体、小目标和热容量小或温度变化迅速(瞬变)对象的表面温度,也可用于测量温度场的温度分布。热电阻传感器是利用导体的电阻随温度变化的特性,对温度和湿度有关的参数进行检测的装置。在温度检测精度要求比较高的场合,这种传感器比较适用。目前较为广泛的热电阻材料为铂、铜、镍等,它们具有电阻温度系数大、线性好、性能稳定、使用温度范围宽、加工容易等特点。热电偶是温度测量仪表中常用的测温元件,是由两种不同成分的导体两端接合成的回路,当两接合点热电偶温度不同时,就会在回路内产生热电流。热电偶可分为装配热电偶,铠装热电偶,端面热电偶,压簧固定热电偶,高温热电偶,铂铑热电偶,防腐热电偶,耐磨热电偶,高压热电偶,特殊热电偶,手持式热电偶,微型热电偶,贵金属热电偶,快速热电偶,钨铼热电偶,单芯铠装热电偶等。它们具有低内阻,电压输出,测量精度高,测量范围广等特点。

(2) 压力传感器

压力传感器是工业生产当中最为常用的一种传感器,其广泛应用于各种工业自控环境,涉及水利水电、铁路交通、智能建筑、生产自控、航空航天、军工、石化、油井、电力、船舶、机床、管道等众多行业。传统的压力传感器以机械结构型的器件为主,以弹性元件的形变指示压力,但这种结构尺寸大、质量重,不能提供电学输出。随着半导体技术的发展,半导体压力传感器也应运而生。其特点是体积小、质量轻、准确度高、温度特性好。常用的压力传感器主要有应变片式和压电式压力传感器等。应变片式传感器是基于测量物体受力变形产生应变的一种传感器。它是一种能将机械构件上应变的变化转换为电阻变化的传感元件。常见的有丝式电阻应变片和箔式电阻应变片两种。它具有分辨力高,误差较小,尺寸小、重量轻,测量范围大等特点。压电式压力传感器原理基于压电效应。压电效应是某些电介质在沿一定方向上受到外力的作用而变形时,其内部会产生极化现象,同时在它的两个相对表面上出现正负相反的电荷。当外力去掉后,它又会恢复到不带电的状态。当作用力的方向改变时,电荷的极性也随之改变。相反,当在电介质的极化方向上施加电场,这些电介质也会发生变形,电场去掉后,电介质的变形随之消失。压电式压力传感器的种类和型号繁多,按弹性敏感元件和受力机构的形式可分为膜片式和活塞式两类。

(3) 流量传感器

流量传感器,分为有腐蚀液体流量传感器和无腐蚀液体流量传感器。其工作原理是当被测液体流过传感器时,在流体作用下,叶轮受力旋转,其转速与管道平均流速成正比。叶轮的转动周期地改变磁回路的磁阻值,检测线圈中的磁通随之发生周期性变化,产生频率与叶片旋转频率相同的感应电动势,经放大后,进行转换和处理。流量传感器可分为差压式流量计、浮子流量计、容积式流量计和涡轮流量计等。差压式流量计由一次装置(检测件)和二次装置(差压转换器和流量显示仪表)组成。通常以检测件形式对差压式流量计分类,如孔板流量计、文丘里流量计、均速管流量计、皮托管原理式-毕托巴流量计等。差压式流量计具有性能稳定可靠,使用寿命长,应用范围广等优点,但测量精度相对较低。浮子流量计是以浮子在垂直锥形管中随着流量变化而升降,改变它们之间的流通面积来进行测量的体积流量仪表,又称转子流量计。浮子流量计具有压力损失低,适用于小管径和低流速测量,在小、微流量测量方面应用十分广泛。容积式流量计又称定排量流量计,在流量仪表中是精度最高的一类。它利用机械测量元件把流体连续不断地分割成单个已知的体积部分,根据测量室逐次重复地充满和排放该体积部分流体的次数来测量流体体积总量。容积式流量计按其测量元件分类,可分为椭圆齿轮流量计、刮板流量计、双转子流量计、旋转活塞流量计、往复活塞流量计、圆盘流量计、液封转筒式流量计、湿式气量计及膜式气量计等。容积式流量计具有计量精度高,测量范围宽,适用于高黏度液体的测量。涡轮流量计是速度式流量计中的主要种类,它采用多叶片的转子(涡轮)感受流体平均流速,从而推导出流量或总量的仪表。当被测流体流过涡轮流量计传感器时,在流体的作用下,叶轮受力旋转,其转速与管道平均流速成正比,同时,叶片周期性地切割电磁铁产生的磁力线,改变线圈的磁通量,根据电磁感应原理,在线圈内将感应出脉动的电势信号,即电脉冲信号,此电脉动信号的频率与被测流体的流量成正比。涡轮流量计广泛应用于以下一些测量对象:石油、有机液体、无机液、液化气、天然气、煤气和低温流体等,具有精度高,重复性好,无零点漂移,抗干扰能力好,测量范围宽,结构紧凑等特点。

5)执行机构

执行机构根据计算机发出的指令,使用液体、气体、电力或其他能源,通过电机、气缸或其他装置将其转化成驱动作用,从而改变操控变量的大小并克服偏差,使被控量达到规定的要求。执行器有电动、气动、液压传动之分,此外还有伺服电机、步进电机和可控硅元件等。

(1)电动执行机构

电动执行机构是电动单元组合式仪表中的执行单元。它是以单相交流电源为动力,接受统一的标准直流信号,输出相应的转角位移,操纵风门、挡板等调节机构,可配用各种电动操作器完成调节系统"手动-自动"的切换。电动执行机构还设有电气限位和机械限位双重保护来完成自动调节的任务。目前电动执行机构在电力、冶金、石油化工等行业都得到了广泛应用。电动执行机构的组成分为电机、减速器及位置发送器三大部件。电机是接受伺服放大器或电动操作器输出的开关电源,把电能转化为机械能,从而驱动执行机构动作。减速器有手动部件、输出轴、机械限位块。它是将电机的高转速、小转矩转换为低转速、大转矩的输出功率,以带动阀门机构动作。位置发送器由电源变压器、差动变压器、印刷电路板等部件组成。当减速器输出轴移动时,凸轮随之旋转,使差动变压器的铁芯连杆产生轴向位移,改变铁芯在差动变压器线圈中的位置,从而使差动变压器输出对应位置的电压转换成标准的直流电流信号。电动执行机构具有结构复杂、故障率高、对现场维护人员技术要求高等特点。

(2)气动执行机构

气动执行机构是用气压力驱动启闭或调节阀门的执行装置,其执行机构有薄膜式、活塞式、拨叉式和齿轮齿条式。活塞式行程长,适用于要求有较大推力的场合;而薄膜式行程较小,只能直接带动阀杆。拨叉式气动执行器具有扭矩大、空间小、扭矩曲线更符合阀门的扭矩曲线等特点。齿轮齿条式气动执行机构有结构简单,动作平稳可靠,并且安全防爆等优点,在发电厂、化工、炼油等对安全要求较高的生产过程中有广泛的应用。气动执行机构具有输出功率大、检修维护简单、环境适应性好、可靠性高、移动速度大、具有防爆功能等优点,同时也具有控制精度较低、双作用的气动执行器,断气源后不能回到预设位置、响应较慢、控制精度欠佳、抗偏离能力较差等不足。

（3）液动执行机构

当需要异常的抗偏离能力和高的推力以及快的形成速度时,我们往往选用液动或电液执行机构。因为液体的不可压缩性,采用液动执行器的优点就是较优的抗偏离能力,这对于调节工况是很重要的,因为当调节元件接近阀座时节流工况是不稳定的,越是压差大,这种情况越厉害。另外,液动执行机构运行起来非常平稳,响应快,所以能实现高精度的控制。电液动执行机构是将电机、油泵、电液伺服阀集成于一体,只要接入电源和控制信号即可工作,而液动执行器和气缸相近,只是比气缸能耐更高的压力,它的工作需要外部的液压系统,工厂中需要配备液压站和输油管路。液动执行机构的缺点有造价昂贵,体检庞大笨重,结构较复杂,更容易发生故障,且由于它的复杂性,对现场维护人员的技术要求就相对要高一些;电机运行要产生热,如果调节太频繁,容易造成电机过热,产生热保护,同时也会加大对减速齿轮的磨损;另外就是运行较慢,从调节器输出一个信号,到调节阀响应而运动到相应的位置,需要较长的时间,这是它不如气动、液动执行器的地方。

6）外部设备

外部设备是计算机系统中输入、输出设备的统称。对数据和信息起着传输、转送和存储的作用,是计算机系统中的重要组成部分。常用输入设备有键盘、鼠标、扫描仪、数码相机、数字摄像机等。输入设备主要用来输入程序和数据。常用的输出设备有显示器、打印机、绘图仪、光盘刻录机等。输出设备主要用来把各种信息和数据以曲线、字符、数字等形式提供给操作人员,及时了解控制过程或生产过程。外部存储器有移动存储器和光存储器,主要用来存储程序和数据。

1.2.2　计算机测控系统的软件组成

对于计算机测控系统,除了上述硬件系统,软件系统也必不可少。软件是指计算机使用的所有程序的总称。软件系统又分为系统软件和应用软件。

1）系统软件

系统软件通常是由计算机的制造厂商提供,用来管理计算机资源、方便用户使用计算机的软件。常用的有操作系统、开发系统等,它们一般不需用户自行设计编程,只需掌握使用方法或根据实际需要加以适当改造即可。系统软件包括操作系统、语言加工系统和诊断系统。

（1）操作系统

操作系统是管理和控制计算机硬件与软件资源的计算机程序,操作系统的功能包括管理计算机系统的硬件、软件及数据资源,控制程序运行,改善人机界面,为其他应用软件提供支持,让计算机系统所有资源最大限度地发挥作用,提供各种形式的用户界面,为其他软件的开发提供必要的服务和相应的接口等。

（2）语言加工系统

语言加工系统是指将用户编写的源程序转换成计算机能够执行的机器代码。语言加工系统主要由编辑程序、编译程序、连接和装配程序、调试程序以及子程序库组成。

（3）诊断系统

判断软件是否存在错误、缺陷和故障,分析推断错误、缺陷和故障的位置和原因,保证软件质量并提高软件可靠性。同时根据软件的静态表现形式和动态运行状态查找故障源,并及时采取相应的诊断措施。

2）应用软件

应用软件是用户根据要解决的控制问题而编写的各种程序,应用软件包括控制程序、数据采集及处理程序、巡回检测程序和数据管理程序等。控制程序主要实现对系统的调节和控制,根据各种控制算法和被控对象的具体情况来编写。数据采集及处理程序包括数据可靠性检查程序、A/D转换及采样程序、数字滤波程序和线性化处理程序。巡回检测程序包括数据采集程序、越限报警程序、事故预告程序和画面显示程序。数据管理程序包括统计报表程序、产品销售程序、生产调度程序、库存管理程序等。

1.3 计算机测控系统的类型

计算机控制是指将计算机用于实时过程测量、监督和控制,这种系统称为计算机测控系统。计算机测控系统主要分为,操作指导控制系统、直接数字控制系统、监督控制系统、分散型控制系统以及现场总线控制系统等。

1）操作指导控制系统

在操作指导控制系统中,计算机的输出不直接用来控制生产对象。计算机只是对生产过程的参数进行采集,然后根据一定的控制算法计算出供操作人员参考、选择的操作方案、最佳设定值等,操作人员根据计算机的输出信息去改变调节器的设定值,或者根据计算机输出的控制量执行相应的操作(如直接改变阀门开度)。操作指导控制系统的构成如图1.5所示。

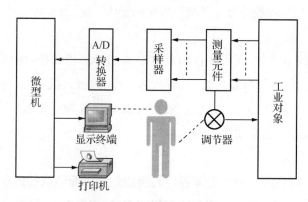

图 1.5　操作指导控制系统

在操作指导控制系统中,每隔一定的时间,计算机进行一次采用,经过 A/D 转换后送入计算机进行加工处理,然后再进行打印、显示或者报警。操作人员依据输出结果对设定值进行改变或者必要的操作。操作指导控制系统具有结构简单、控制灵活等优点,但同时也具有开环控制、人工执行、速度慢、不能控制多个对象等缺点。

2) 直接数字控制系统

直接数字控制(Direct Digit Control)系统,简称为 DDC 系统,是用一台计算机对被控参数进行检测,再根据设定值和控制算法进行运算,然后输出到执行机构对生产进行控制,使被控参数稳定在给定值上。利用计算机的分时处理功能直接对多个控制回路实现多种形式控制的多功能数字控制系统。直接数字控制系统的构成如图 1.6 所示。直接数字控制系统对被控变量及其他参数进行巡回检测,与设定值进行比较后求偏差,再按照事先规定的控制策略(如比例、积分、微分)进行控制运算,最后发出指令,通过接口直接操纵执行机构对被控对象进行控制。直接数字控制系统具有控制灵活、对每个参数的控制可以不同、可以灵活改变控制规律、实时性好、可靠性高、一台计算机可以控制几个或几十个回路等优点。

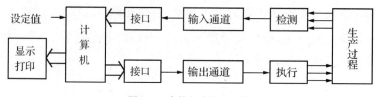

图 1.6　直接数字控制系统

3) 监督控制系统

计算机监督控制(Supervisory Computer Control)系统,简称 SCC 系统。在 SCC 系统中,计算机根据工艺参数和过程量检测值,按照所设计的控制算法进行计算,计算出最佳设定值直接传送给常规模拟调节器或者 DDC 计算机,最后由模拟调节器或 DDC 计算机控制生产过程。计算机监督控制系统有两种类型,一种是 SCC＋模拟调节器,另一种是 SCC＋DDC 控制系统。

（1）SCC＋模拟调节器控制系统

在此系统中,计算机对各过程参量进行巡回检测,并按一定的数学模型对生产工况进行分析、计算后得出被控对象各参数的最优设定值送给调节器,使工况保持在最优状态。这样,系统就可以根据生产工况的变化,不断地改变给定值,从而达到最优控制的目的。一般的模拟系统是不能够改变给定值的,因此这种系统适合于老企业的技术改造。当 SCC 计算机发生故障时,可由模拟调节单独立执行控制任务。SCC＋模拟调节器控制系统如图 1.7所示。

（2）SCC＋DDC 控制系统

该系统是两级控制系统。第一级为监督级,其作用是用来计算最佳给定值。直接数字控制器用来把给定值与测量值进行比较,其偏差由 DDC 进行数字控制计算,然后经过 D/A 转换器对执行机构进行调节。与 SCC＋模拟调节器系统相比,其控制规律可以改变,并且一台 DDC 可以控制多个回路。当系统中的模拟调节器或者 DDC 控制器发生故障,可以用 SCC 系统代替调节器,提高了系统的可靠性。SCC＋DDC 控制系统如图 1.8所示。

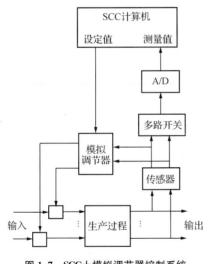

图 1.7　SCC＋模拟调节器控制系统

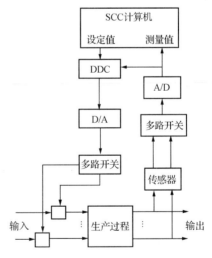

图 1.8　SCC＋DDC 控制系统

4）分散型控制系统

分散型控制系统(Distributed Control System,简称 DCS)是采用分散控制、集中操作、分级管理、分而自治和综合协调的设计原则,把系统从上至下分为分散过程控制级、集中操作监控级、综合信息管理级,形成分级分布式控制系统。分散型控制系统结构如图 1.9所示。

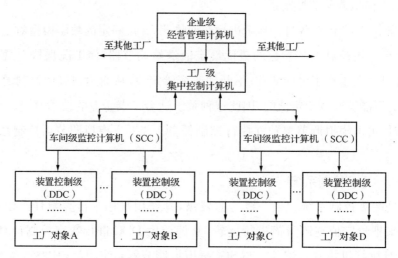

图 1.9 分散型控制系统

第一级,分级过程控制级。此级是直接面向生产过程的,是 DCS 的基础,它直接完成生产过程的数据采集、调节控制、顺序控制等功能,其过程输入信号是面向传感器的信号,如热电偶、热电阻、变送器(温度、压力)及开关量信号,其输出是驱动执行机构。第二级,集中操作监控级。这一级以操作监视为主要任务,兼有部分管理功能,面向操作员和控制系统工程师。它综合监视过程各站所有信息,集中显示操作,控制回路组态和参数修改,优化过程处理等。第三级,综合信息管理级。这一级由管理计算机、办公自动化系统、工厂自动化服务系统构成,从而实现企业的综合信息管理,具有市场分析、用户信息搜集、销售与产品计划、生产能力与订货平衡、生产与交货期限监视等功能。

5) 现场总线控制系统

现场总线控制系统(Fieldbus Control System,简称 FCS)是新一代分布式控制系统。它采用新一代分布式控制结构,是连接智能现场设备和自动化系统的数字式、双向分布式、多分支结构的通信网络。该系统将组成控制系统的各种传感器、执行器和控制器用现场总线连接起来,通过网络上的信息传输完成传输控制系统中需要硬件连接才能传递的信号,完成各种设备的协调,实现自动化控制。

现场总线控制系统结构模式为:"工作站-现场总线智能仪表"两层结构,现场总线控制系统用两层结构完成了分散型控制系统中的三层结构功能,降低了成本,提高了可靠性,可实现真正的开放式互联系统结构。现场总线控制系统具有两个显著特点。第一,信号传输实现了全数字化,避免了传统系统中模拟信号传输中不可避免的衰减和干扰,提高信号精度。第二,实现控制的彻底分散,把控制功能分散到现场设备和仪表中,经过统一组态,可构成各种所需的控制系统。现场总线控制系统结构如图 1.10 所示。

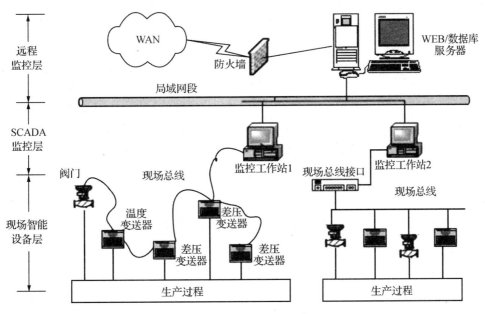

图 1.10 现场总线控制系统

1.4 计算机测控系统的发展

自 20 世纪 70 年代开始,微型计算机被引入测控领域,从而使测控技术与计算机紧密结合,形成了计算机测控系统。将计算机技术引入测控系统中,不仅可以解决传统测控系统无法解决的问题,还可以简化电路、提高测控系统的可靠性、增强测控系统的自动化程度、增强测控系统的适应能力、可以缩短测控系统的研发周期、降低成本。

1.4.1 计算机测控系统的发展概况

计算机测控系统的发展可以归纳为六个阶段:

(1) 实验时期(1955 年—1961 年);

(2) 直接数字控制时期(1962 年—1966 年);

(3) 小型计算机时期(1967 年—1971 年);

(4) 微型计算机时期(1972 年—1979 年);

(5) 数字控制时期(1980 年—1989 年);

(6) 集散控制时期(1990 年至今)。

1.4.2 计算机测控系统的发展趋势

随着计算机技术和现代控制理论的飞速发展,计算机测控技术得到了越来越广泛的应

用。与此同时,随着工业生产规模的不断扩大,对计算机测控技术又提出了新的要求。计算机测控系统的发展趋势如下:

1)先进技术的不断推广和应用

(1)可编程控制器

可编程控制器(Programmable Controller,简称 PC),也可称之为可编程逻辑控制器(Programmable Logic Controller,简称 PLC),是一种专为工业环境应用而设计的微机系统。它用可编程序的存储器来存储用户的指令,通过数字或模拟的输入输出完成确定的逻辑、顺序、定时、计数和运算等功能。它具有可靠性高、编程灵活简单、易于扩展和价格低廉等许多优点。随着 PLC 的发展,它除了具有逻辑、顺序控制等功能外,还具有数据处理、故障自诊断、PID 运算及网络等功能,不仅能处理开关量,而且还能够实现模拟量的控制,多台 PLC 之间可方便地进行通信与联网。目前从单机自动化到工厂自动化,从柔性制造系统、机器人到工业局部网络都可以见到 PLC 的成功应用。

(2)嵌入式系统

嵌入式系统是将一个微型计算机嵌入到一个具体应用对象的体系中,实现应用对象智能化控制的计算机控制系统。这样的应用对象从 MP3、手机等微型数字化产品,到智能家电、车载电子设备、智能医疗设备、智能工具、数字机床、各种机器人、网络控制等各个领域。嵌入式系统以其成本低、体积小、功耗低、功能完备、速度快、可靠性好等特点在诸多的领域体现出强大的生命力,也使计算机控制技术在这些领域获得了更加广泛的应用。与通用计算机在技术上追求高速运行、海量存储等性能不同,嵌入式计算机控制系统的技术要求是对对象的智能化控制能力、嵌入性能和控制的可靠性。

(3)计算机集成制造系统

计算机集成制造系统(Computer Integrated Manufacture System,简称 CIMS)是面向制造业的集成自动化系统,在分布式数据库、网络通信和自动化系统的环境支持下将产品设计、产品制造及信息管理三个功能集成在一起的新型分布式控制系统。CIMS 是计算机技术、自动化技术、制造技术、管理技术和系统工程等多种技术的综合和全企业信息的集成,包括了生产设备与过程控制、自动化装配与工业机器人、质量检测与故障诊断、CAD 与 CAM、立体仓库与自动化物料运输、计算机辅助生产计划制定、计算机辅助生产作业调度、办公自动化与经营辅助决策等内容,在石化、冶金等流程工业中具有广阔应用前景。

(4)网络控制系统

网络控制系统是以网络为媒介对被控对象实施远程控制、远程操作的一种新兴的计算机控制系统。在这类系统中,管理决策、资源共享、任务调度、优化控制等上层机构可以方便地与各种现场设备或装置连接在一起,从而实现全系统的整体自动化和性能优化,这必将带来巨大的经济效益和社会效益。另外,在人不易操作或无法到达的场合,可以采用基于网络的遥控方式实现有效的控制,如强核辐射下、深海作业、小空间范围内的作业等。在一些特殊的场合,网络控制也显示出明显的优势,如用于医疗领域的远程病理诊断、专家会诊、远程手术等。随着相关领域技术的发展,网络控制技术作为"综合技术之上的技术"必将被迅速地应用到各个领域中去。

2)大力发展智能控制系统

(1)分级智能控制系统

智能控制系统是指在无人干预的情况下,系统能自主地驱动智能机器实现控制目标的自动控制技术。对许多复杂系统,当无法建立有效的数学模型和用常规的控制理论去进行定量计算和分析时,必须采用定量方法与定性方法相结合的控制方式。智能控制系统是一种将人工智能、控制理论、信息论、运筹学和计算机科学等学科相结合的新型控制方法,为解决控制领域的难题,摆脱常规数学模型的困境,突破现有控制理论的局限,开辟了新的途径。

(2)神经网络控制系统

神经网络是模拟人脑思维方式的数学模型。它是在现代生物学研究人脑组织成果的基础上提出的,用来模拟人类大脑神经网络的结构和行为,从微观结构和功能上对人脑进行抽象和简化,利用神经元之间的联结与权值的分布来表示特定的信息,通过不断修正连接的权值进行自我学习,以逼近理论为依据进行神经网络建模,并以直接自校正控制、间接自校正控制、神经网络预测控制等方式实现智能控制。它具有能充分逼近任意非线性特性、分布式并行处理机制、自学习和自适应能力、数据融合能力、适合于多变量系统等特点。

(3)专家系统

专家控制系统主要指的是一个智能计算机程序系统,其内部含有大量的某个领域专家水平的知识与经验,能够利用人类专家的知识和解决问题的经验方法来处理该领域的高水平难题。专家系统是一个具有大量的专门知识与经验的程序系统,它应用人工智能技术和计算机技术,根据某领域一个或多个专家提供的知识和经验,进行推理和判断,模拟人类专家的决策过程,以便解决那些需要人类专家才能处理好的复杂问题。专家系统在控制效果上体现出了高可靠性及长期运行的连续性,在线控制的实时性,优良的控制性能及抗干扰性,使用的灵活性及维护的方便性等显著的特点。它适合解决如故障诊断、报警处理、系统恢复、负荷预测、检修计划安排、无功电压控制、规划设计等问题。目前,专家系统已经广泛用于医疗、化学、设计、地质勘探等领域。

(4)模糊控制系统

模糊控制以模糊集合、模糊语言变量、模糊推理为理论基础,以先验知识和专家经验作为控制规则,从行为上模拟人的模糊推理和决策过程的一种实用方法。其基本思想是用机器模拟人对系统的控制,就是在被控对象的模糊模型的基础上运用模糊控制器近似推理等手段,实现系统控制。模糊控制实质上是一种非线性控制。模糊逻辑用模糊语言描述系统,既可以描述应用系统的定量模型也可以描述其定性模型,故模糊逻辑可适用于任意复杂的对象控制。模糊技术展示了其处理精确数学模型,非线性,时变和时滞系统的强大功能。现有的模糊控制系统有:神经网络＋PID控制系统、自适应模糊控制系统、专家模糊控制系统、自学习模糊控制以及多变量模糊控制。近年来,人们已经将模糊技术应用于工业、医学、地震预报、工程设计、信息处理以及经济管理等,其中应用最多也是最成功的,是工业过程控制和模糊家电产品领域。

（5）自适应控制系统

所谓"自适应"一般是指系统按照环境的变化调整其自身使得其行为在新的或者已经改变了的环境下达到最好或者至少是容许的特性和功能。这种对环境变化具有适应能力的控制系统称为自适应控制系统。同时,自适应控制系统可以定义为在没有人的干预下,随着运行环境改变而自动调节自身控制参数,以达到最优控制的系统。如何设计适当的控制作用,使得某一指定的性能指标达到并保持最优或者近似最优,是自适应控制所要研究解决的问题。自适应控制和常规的反馈控制和最优控制一样,是一种基于数学模型的控制方法,所不同的是自适应控制所依据的关于模型和扰动的先验知识比较少,需要在系统的运行过程中去不断提取有关模型的信息,使模型逐步完善。目前,自适应控制系统在机械、电气、通信、网络和石油化工等领域都有广泛的应用。

习 题 1

1.1 什么是计算机测控系统？它主要由哪几部分组成？各个部分的作用是什么？

1.2 计算机测控系统的典型形式有哪些？

1.3 计算机测控系统的控制过程有几个方面？

1.4 计算机测控系统的类型有哪些？

1.5 简述计算机测控系统的发展趋势。

2 测控系统的接口设计

过程通道是在计算机和生产过程之间设置的信息传送和交换的连接通道,包括数字量(开关量)输入通道、数字量(开关量)输出通道、模拟量输入通道、模拟量输出通道。生产过程的各种参数通过模拟量输入通道或数字量输入通道送到计算机,计算机经过计算和处理后所得到的结果通过模拟量输出通道或数字量输出通道送到生产过程,从而实现对生产过程的控制。

在计算机测控系统中,工业控制机必须经过过程通道和生产过程相连,而过程通道中也包含有输入/输出接口,因此输入/输出接口与过程通道是计算机测控系统的重要组成部分。本章将对输入/输出接口和过程通道进行设计与分析。

2.1 开关量输入/输出接口与过程通道

工业控制计算机用于生产过程的自动控制,需处理一类最基本的输入输出信号,即数字量(开关量)信号,这些信号包括开关的闭合与断开、电机的启动与停止、阀门的打开与关闭、指示灯的亮与灭、继电器或接触器的吸合与释放等,这些信号的共同特征是信号只有两个状态:导通和截止,需要经过一定的电路转换将两个状态用二进制的逻辑"1"和"0"代表,计算机检测逻辑"1"和"0"确定上述物理装置的状态,输出逻辑"1"和"0"实现上述物理装置的控制。在计算机控制系统中,对应的二进制数码的每一位都可以代表生产过程的一个状态,这些状态是控制的依据。

2.1.1 数字量输入接口

对生产过程进行控制,经常需要收集很多生产过程的状态信息,可根据状态信息,再给出控制量,因此,可用三态门缓冲器 74LS244 获取状态信息,如图 2.1 所示。经过端口地址译码,得到片选信号$\overline{CS}$,当 CPU 执行 IN 指令时,产生$\overline{IOR}$信号,使$\overline{IOR}=\overline{CS}=0$,则 74LS244 直通,被测的状态信息可通过三态门送到计算机的数据总线,然后装入 AL 寄存器,设定片选地址为 port,可用如下指令来完成取数操作:

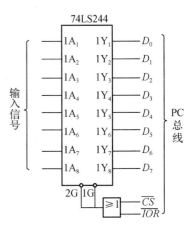

图 2.1 数字量输入接口

MOV DX,port;设置端口地址

IN AL,DX;$\overline{IOR}=\overline{CS}=0$

三态缓冲器 74LS244 用来隔离输入和输出线路,在两者之间起缓冲作用。另外,74LS244 有 8 个通道可同时输入 8 个开关状态。

2.1.2　数字量输出接口

当对生产过程进行控制时,一般控制状态需要保持,直到下次给出新的值为止,这时输出就需要锁存。因此,可采用 74LS273 作 8 位输出锁存口,对状态输出信号进行锁存,如图 2.2 所示。由于 PC 总线工业控制机的 I/O 端口写总线周期时序关系中,总线数据 $D_0 \sim D_7$ 比 $\overline{IOW}$ 前沿(下降沿)稍晚,因此在图 2.2 的电路中,利用 $\overline{IOW}$ 的后沿产生的上升沿锁存数据。经过端口地址译码,得到片选信号 $\overline{CS}$。当在执行 OUT 指令周期时,产生 $\overline{IOW}$ 信号,设片选端口地址为 port,可用以下指令完成数据输出控制。

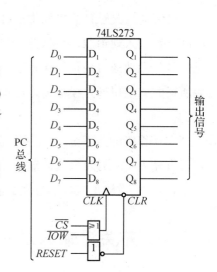

图 2.2　数字量输出接口

MOV AL,DATA

MOV DX,port

OUT DX,AL

74LS273 有 8 个通道,可输出 8 个开关状态,并可驱动 8 个输出装置。

2.1.3　数字量输入通道

1)数字量输入通道的结构

数字量输入通道主要由输入缓冲器、输入调理电路和输入口地址译码电路等组成,如图 2.3 所示。

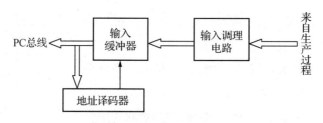

图 2.3　数字量输入通道结构

2）输入调理电路

数字量输入通道的基本功能为接受外部装置或生产过程的状态信号。这些状态信号的形式为电压、电流、开关的触点等,因此会引起瞬时高压、过电压、接触抖动等现象。为了将外部开关量信号输入到计算机。必须将现场输入的状态信息经转换、保护、滤波、隔离等措施转换成计算机可以接收的逻辑信号,这些功能为信号调理。

（1）小功率输入调理电路

从开关、继电器等接点输入信号的电路如图 2.4 所示。它将接点的接通和断开动作转换成 TTL 电平信号与计算机连接。为了清除由于接点的机械抖动而产生的振荡信号,一般都应加入有较长时间常数的积分电路来消除这种振荡。图 2.4 所示为采用积分电路来消除开关抖动的方法。图 2.5 所示为 R-S 触发器消除开关抖动的方法。

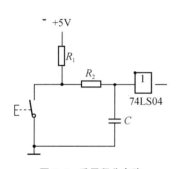

图 2.4　采用积分电路

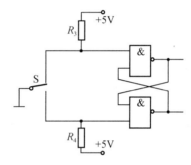

图 2.5　采用 R-S 触发器电路

（2）大功率输入调理电路

在大功率系统中,需要从电磁离合等大功率器件的接点输入信号。这种情况下,为了使接点工作可靠,接点两端至少要加 24 V 以上的直流电压。因为直流电压的响应快,不易产生干扰,电路又简单,因而可以被广泛采用。

但是这种电路所带电压高,所以高压与低压之间用光电耦合器进行隔离,如图 2.6 所示。电路中参数 R_1、R_2 的选取要

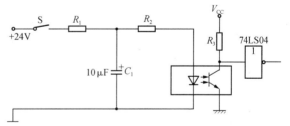

图 2.6　大功率信号输入调理电路

考虑光耦允许的电流,光耦两端的电源不能共地。开关导通时,74LS04 输出为高电平,反之为低电平。

2.1.4 数字量输出通道

1) 数字量输出通道的结构

数字量输出通道主要由输出锁存器、输出驱动电路、输出口地址译码电路等组成,如图 2.7 所示。

2) 输出驱动电路

(1) 小功率直流驱动电路

① 小功率晶体管输出驱动继电器电路

采用功率晶体管输出驱动继电器的电路如图 2.8 所示。因负载呈电感性,所以输出必须加装克服反电势的保护二极管 VD,J 为继电器的线圈。

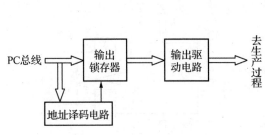

图 2.7 数字量输出通道结构

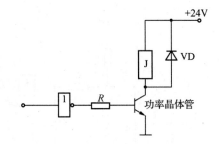

图 2.8 功率晶体管输出驱动继电器

② 达林顿阵列输出驱动继电器电路

MC1416 是达林顿阵列驱动器,它内含 7 个达林顿复合管,每个复合管的电流都在 500 mA 以上,截止时承受 100 V 电压。为了防止 MC1416 组件反向击穿,可使用内部保护二极管,图 2.9 给出了 MC1416 内部电路原理图和使用方法。

(2) 大功率驱动电路

大功率驱动场合可以使用固态继电器(SSR)、IG-BT、MOSFET 实现。固态继电器是一种四端有源器件,根据输出的控制信号分为直流固态继电器和交流固态继电器。固态继电器的结构与使用方法如图 2.10 所示。固态继电器的输入输出之间采用光电耦合器进行隔离。过零电路可使交流电压变化到 0 V 附近时可让电路接通,从而减少干扰。电路接通以后,由触发电路输出晶体管器件的触发信号。固态继电器在选用时要注意输

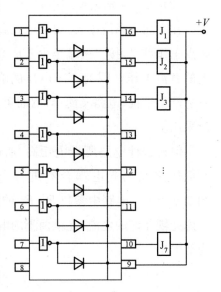

图 2.9 MC1416 驱动 7 个继电器

入电压范围、输出电压类型及输出功率。

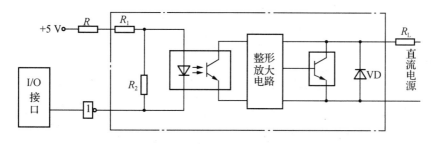

(a) 直流固态继电器的结构

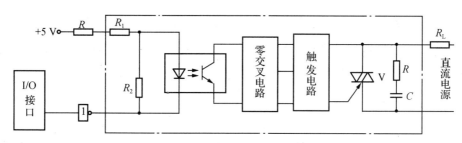

(b) 交流固态继电器的结构

图 2.10 固态继电器的结构

2.2 模拟量输入接口与过程通道

在计算机测控系统中,需要将各种模拟信号输入计算机,就必须首先将其转换为数字信号。将模拟信号转换成数字信号的过程,是通过信号转换和量化来实现的。

2.2.1 模拟量输入通道的结构

模拟量输入通道由于应用要求和系统本身特点的不同,可以采用不同的结构形式。目前经常使用的是多路通道采样/保持器和 A/D 转换器的结构形式。模拟量输入通道的一般结构如图 2.11 所示。

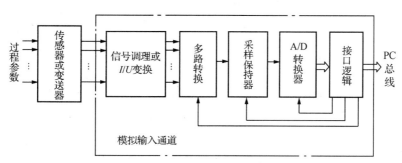

图 2.11 模拟量输入通道的组成结构示意图

2.2.2　模拟量输入通道的组成

模拟量输入通道一般由 I/U 变换、多路转换器、采样保持器、A/D 转换器、接口及控制逻辑电路组成。

在计算机测控系统中,传感器(如热敏元件、光敏元件、压敏元件等)输出的各种信号在进行 A/D 转换之前,都应转变成一定的电压或电流信号,如 0~10 mA、4~20 mA 的直流电流,或 0~±5 V 的直流电压。这些需要通过信号放大、电平转换、电流/电压转换等电路实现。

过程参数由传感元件检测,经过信号调理或经变送器转换为电流(或电压)形式后,再送至多路开关;在计算机的控制下,由多路开关将各个过程参数依次地切换到后级,进行采样和 A/D 转换,实现过程参数的巡回检测。

1) I/U 变换

(1) 无源 I/U 变换

无源 I/U 变换主要是采用无源器件电阻来实现,并加上滤波和输出限幅等保护措施,如图 2.12 所示。

对于 0~10 mA 输入信号,可取 $R_1 = 100\ \Omega$,$R_2 = 500\ \Omega$,且 R_2 为精密电阻,这样输出电压 U 为 0~5 V;对于 4~20 mA 输入信号,可取 $R_1 = 100\ \Omega$,$R_2 = 250\ \Omega$,且 R_2 为精密电阻,这样输出的电压 U 为 1~5 V。

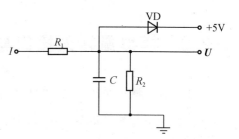

图 2.12　无源 I/U 变换电路

(2) 有源 I/U 变换

有源 I/U 变换主要是利用有源器件运算放大器、电阻组成,如图 2.13 所示。

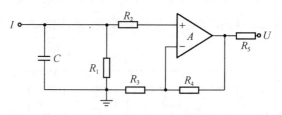

图 2.13　有源 I/U 变换电路

利用同相放大电路,把电阻 R_1 上产生的输入电压变成输出电压。这个同相放大电路的放大倍数为:

$$A = 1 + \frac{R_4}{R_3}$$

如果取 $R_3=100$ kΩ, $R_4=150$ kΩ, $R_1=200$ Ω,则 0～10 mA 输入对应于 0～5 V 的电压输出。如果取 $R_3=100$ kΩ, $R_4=25$ kΩ, $R_1=200$ Ω,则 4～20 mA 输入对应于 1～5 V 的电压输出。

2）多路开关

多路开关又称为多路转换器,是用来进行模拟电压信号切换的关键元件。利用多路开关可使各个输入信号依次地或随机地连接到公用放大器或 A/D 转换器上。为了提高过程参数测量精度,对多路开关提出了较高的要求。理想的多路开关其开路电阻为无穷大,接通时的接通电阻为零。此外,还需要切换速度快、噪声小、寿命长、工作可靠。这类器件中有的只能做一种用途,称为单向多路开关,如 AD7501;有的既可以做多路开关,又可以做多路分配器,称为双向多路开关,如 CD4051。从输入信号的连接来分,有的是单端输入,有的则允许双端输入(或差动输入),如 CD4051 是单端 8 通道多路开关,CD4052 是双 4 通道多路开关等。

CD4501 的原理示意图如图 2.14 所示。它含有 8 个单端的通道开关(半导体开关),它们接通与关断受三根二进制的通道选择线控制。禁止输入端 INH 用于芯片的扩展,当 INH 为低电平时,某组 A、B、C 三个信号组合将对应的通道开关接通,使该通道输入端和输出端接通;当 INH 为高电平时,无论 A、B、C 为何值,8 个通道开关均不同。

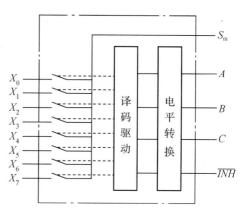

图 2.14　CD4051 多路转换器的原理示意图

3）采样保持器

利用计算机组成控制系统,必须解决模拟信号和数字信号之间的转换问题。计算机内部参与算术运算和逻辑运算的信息是二进制的数字信号。因此,模拟信号需要经过模/数(A/D)转换器,变成计算机内部通用的数字信号。

（1）信号的采样

根据香农的采样定理(也称为抽样定理)可知,只要采样频率 f_s 大于信号(包括噪声) $x(t)$ 中最高频率 f_{max} 的两倍,即 $f_s \geq 2f_{max}$,则采样信号 $xs(t)$ 就能包含 $x(t)$ 中的所有信息,也就是说,通过理想滤波器由 $xs(t)$ 可以唯一地复现 $x(t)$。采样定理从理论上给出了 f_s 的下限值,实际应用中,一般可取 $f_s=(5～10)f_{max}$,甚至更高。

在应用采样定理时,还需要注意噪声的影响,如噪声中的最高频率 f_{Nmax} 大于有用信号的最高频率 f_{smax},则应先通过滤波器滤掉高于 f_{Nmax} 的噪声信号,然后再用 $f_s=(5～10)f_{smax}$ 采样。如硬件滤波有困难,则先按 $f_s=(5～10)f_{Nmax}$ 采样,然后通过软件的数字滤波方法将噪声滤掉。

对于数字信号,采样周期(或时间间隔)只要小于待采样信号的变化周期就能正确检测和输入。对模拟信号,考虑的问题就需要多一些,这些问题包括采样周期、滤波、采样/保持和量化精度等。

模拟信号的采样过程本质上就是将时间上连续的信号 $x(t)$ 转换成时间上离散的信号 $xs(t)$,$xs(t)$ 又称为采样信号,$xs(t)$ 在时间上是离散的,但在幅值上仍然是连续的。在数据采样过程中,还需对 $xs(t)$ 进行量化,也就是经 A/D 转换成数字信号 $xD(t)$。通常采样的时间间隔为固定值,用采样周期 T_s 表示,相应的采样频率为 f_s,采样过程中的信号变化如图 2.15 所示。实际的采样脉冲有一定的宽度,该宽度相应于 A/D 转换时间 $t_{A/D}$。采样频率 f_s 和 A/D 转换时间 $t_{A/D}$ 对采样效果都有一定的影响。

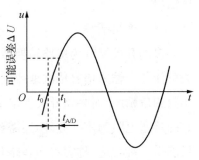

图 2.15　由 $t_{A/D}$ 引起的误差

（2）量化

因采样后得到的离散模拟信号本质上还是模拟信号,未数字化,所以采样信号还不能直接送入计算机。采样信号经整量化后成为数字信号的过程称为量化。

量化过程就是用一组数码(如二进制码)来逼近离散模拟信号的幅值,将其转换成数字信号,执行量化动作的装置是 A/D 转换器。字长为 n 的 A/D 转换器把 $y_{min} \sim y_{max}$ 范围内变化的采样信号,变换为数字 $0 \sim 2^n - 1$,其最低有效位(LSB)所对应的模拟量 q 称为量化单位,其表达式为：

$$q = \frac{y_{max} - y_{min}}{2^n - 1}$$

量化过程实际上是一个用 q 去度量采样值幅值高低的小数规整过程,如同人们用单位长度(毫米或其他)去度量人的身高一样。由于量化过程是一个小数规整过程,因此存在量化误差,量化误差为 $\pm q/2$。例如,$q = 20$ mV,量化误差为 ± 10 mV,1.990 V$\sim$2.009 V 范围内的采样值,其量化结果相同,都是 100。

A/D 转换器的字长 n 足够长时,量化误差足够小,可以认为数字信号近似等于采样信号。在这种假设下,数字系统便可以采用采样理论进行分析设计。

（3）采样保持器

在模拟量输入通道中,A/D 转换器将模拟信号转换成数字量总需要一定的时间,完成一次 A/D 转换所需的时间称之为孔径时间。对于随时间变化的模拟信号来说,孔径时间决定了每一个采样时刻的最大转换误差,即为孔径误差。例如,如图 2.15 所示的正弦模拟信号,如果从 t_0 时间开始进行 A/D 转换,但转换结束时已为 t_1,模拟信号已发生 U 的变化。因此,对于一定的转换时间,最大的误差可能发生在信号过零的时刻。因为此时 dU/dt 最大,孔径时间 $t_{A/D}$ 一定,所以此时 U 最大。

令 $U=U_\mathrm{m}\sin\omega t$,

$$\frac{\mathrm{d}U}{\mathrm{d}t}=U_\mathrm{m}\omega\cos\omega t=U_\mathrm{m}2\pi f\cos\omega t$$

式中:U_m——正弦模拟信号的幅值;

f——信号频率。

在坐标的原点上:

$$\frac{\Delta U}{\Delta t}=U_\mathrm{m}2\pi f$$

取 $\Delta t=t_\mathrm{A/D}$,则得原点处转换的不确定电压误差为:

$$\Delta U=U_\mathrm{m}2\pi ft_\mathrm{A/D}$$

误差的百分数为:

$$\sigma=\frac{100\Delta U}{U_\mathrm{m}}=2\pi ft_\mathrm{A/D}\times100$$

由此可以知道,对于一定的转换时间 $t_\mathrm{A/D}$,误差的百分数和信号频率成正比。为了确保 A/D 转换的精度,使它不低于 0.1%,不得不限制信号的频率范围。

一个 10 位的 A/D 转换器(量化精度 0.1%),孔径时间 10 μs,如果要求转换误差在转换精度内,则允许转换的正弦波模拟信号的最大频率为:

$$f=\frac{0.1}{2\pi\times10\times10^{-6}\times10^2}\approx16\ \mathrm{Hz}$$

为了提高模拟量输入信号的频率范围,以适应某些随时间变化的信号要求,可采用带有保持电路的采样器,即采样保持器。

A/D 转换过程(即采样信号的量化过程)需要时间,这个时间称为 A/D 转换时间。在 A/D 转换期间,如果输入信号变化较大,就会引起转换误差。所以,一般情况下采样信号都不直接送至 A/D 转换器转换,还需加保持器作信号保持。保持器把 $t=kT$ 时刻的采样值保持到 A/D 转换结束。T 为采样周期,$k=0,1,2,\cdots$为采样序号。

采样保持器的基本组成电路如图 2.16 所示,由输入/输出缓冲器 A_1、A_2 和采样开关 S、保持电容 C_H 等组成。采样时,S 闭合,U_IN通过 A_1 对 C_H 快速充电,U_OUT 跟随 U_IN;保持期间,S 断开,由于 A_2 的输入阻抗很高,理想情况下 U_OUT $=U_\mathrm{C}$ 保持不变,采样保持器一旦进入保持期,便

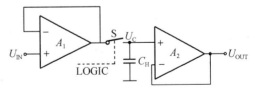

图 2.16 采样保持器的组成

应立即启动 A/D 转换器,保证 A/D 转换期间输入恒定。

4) A/D 转换器

A/D 转换器是将模拟电压或电流转换成数字量的器件或装置,是模拟输入通道的核心部件。A/D 转换方法有逐次逼近式、双积分式、并行比较式和二进制斜坡式、量化反馈式等。

（1）A/D 转换器的主要指标

电压输出 A/D 转换器的输入/输出的一般表达式为：

$$D=(2^n-1)\frac{U}{V_{REF}}$$

式中：D——数字量输出；

　　　U——输入电压；

　　　V_{REF}——参考电压。

当 V_{REF} 确定时，其输入与输出为线性关系。

A/D 转换器的主要技术指标有转换时间、分辨率、线性误差、量程、对基准电源的要求等，应根据这些指标正确使用 A/D 转换器。

转换时间是指完成一次模拟量到数字量转换所需要的时间。分辨率表示 A/D 转换器对模拟信号的反应能力，分辨率越高，表示对输入模拟信号的反应越灵敏。分辨率通常使用数字量的位数 n（字长）来表示，如 8 位、12 位等。分辨率为 8 位表示 A/D 转换器可以对满量程的 $1/(2^8-1)=1/255$ 的增量做出反应。

量程是指能转换的电压范围。精度有绝对精度和相对精度两种表示方法。绝对精度常用数字量的位数表示，如精度为最低位的 $\pm\frac{1}{2}$ LSB。绝对精度可以转换成电压表示。设 A/D 量程为 U，位数为 n，用位数表示的精度为 p，则其用输入电压表示的精度为 $\frac{U}{2^n-1}p$。如果满量程为 10 V，则 10 位 A/D 的绝对精度为 $\frac{10}{2^{10}-1}\times\left(\pm\frac{1}{2}\right)=\pm4.88$ mV。相对精度用满量程的百分数表示，即 $\frac{U}{2^n-1}=\frac{10}{2^{10}-1}\times100\%=1\%$。

我们应该注意精度与分辨率之间的区别。分辨率是指能对转换结果发生影响的最小输入量，而精度是指转换后所得结果相对于实际值的准确度。如满量程为 10 V 时，其分辨率为 $10/(2^{10}-1)=10/1\,023=9.77$ mV。但是，即使分辨率很高，也可能由于温度漂移、线性度差等原因使 A/D 不具有很高的精度。

工作温度范围：由于温度会对运算放大器和电阻网络产生影响，故只有在一定范围内才能保证额定的精度指标。较好的 A/D 工作温度范围为 -40 ℃～85 ℃，差些的工作温度范围为 0 ℃～70 ℃。根据实际使用情况进行选用。

对基准电源的要求：基准电源的精度将对整个 A/D 转换结果的输出精度产生影响，所以选择 A/D 时根据实际情况考虑是否需要加精密电源。

输出逻辑电平多数为 TTL 电平，有并行和串行两种输出形式。在考虑数字量输出与计算机数据总线连接时，应注意是否用三态逻辑输出，是否需要对数据进行锁存等。

（2）常用的 A/D 转换器及其接口技术

计算机控制系统中,常用的 A/D 转换器芯片,主要是 8 位的 ADC0809 和 12 位的 AD574A,下面将分别作介绍。

① 8 位 A/D 转换器 ADC0809

ADC0809 是一种带有 8 通道多路开关的 8 位逐次逼近式 A/D 转换器。它的主要性能指标：

a. 分辨率为 8 位；

b. 线性误差为 $\pm(1/2)$LSB；

c. 转换时间为 100 μs 左右；

d. 模拟输入电压范围为 0～5 V,对应的 AD 转换值为 00H～FFH；

e. 8 个模拟量输入通道,有通道地址锁存、输出数据三态锁存功能；

f. 工作温度范围为 -40 ℃～$+85$ ℃；

g. 功耗 15 mW,单一的 $+5$ V 电源供电。

ADC0809 的逻辑结构如图 2.17 所示,从图中可以看出它由 8 路模拟开关、地址锁存与译码器、8 位逐次逼近 A/D 转换器和三态锁存输出缓冲器四个部分组成。

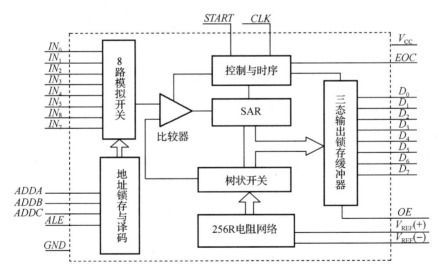

图 2.17　ADC0809 原理框图

ADC0809 芯片引脚如图 2.18 所示。各引脚功能介绍如下：

IN_0～IN_7：8 路输入通道的模拟量输入端口。

D_0～D_7：8 位数字量输出端口。

$START$、ALE：$START$ 为启动控制输入端口,ALE 为地址锁存控制信号端口。这两个信号端可连接在一起,当通过软件输入一个正脉冲时,便立即启动模/数转换。

EOC、OE：EOC 为转换结束信号脉冲输出端口，OE 为输出允许控制端口。这两个信号端也可连接在一起，表示模/数转换结束。OE 端的电平由低变高，打开三态输出锁存器，将转换结果的数字量输出到数据总线上。

$V_{REF}(+)$、$V_{REF}(-)$、V_{CC}、GND：$V_{REF}(+)$ 和 $V_{REF}(-)$ 为参考电压输入端；V_{CC} 为主电源输入端，GND 为接地端。一般 $V_{REF}(+)$ 与 V_{CC} 连接在一起，$V_{REF}(-)$ 与 GND 连接在一起。

$CLOCK$：时钟输入端。

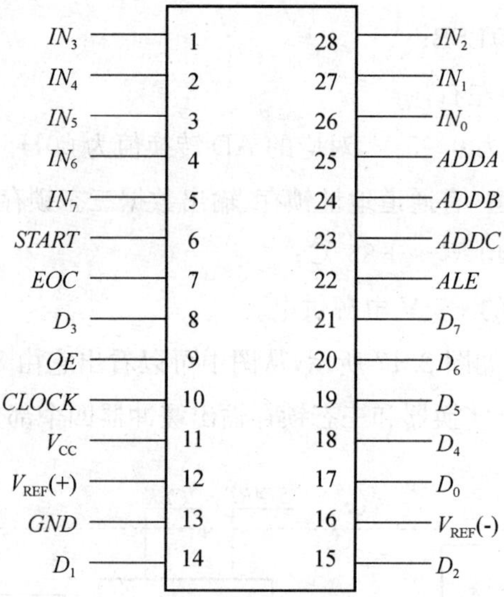

图 2.18　ADC0809 引脚图

$ADDA$、$ADDB$、$ADDC$：8 路模拟开关的 3 位地址选通输入端，用来选择对应的输入通道。其对应关系如表 2.1 所示。

表 2.1　地址码与输入通道对应关系

地址码			对应的输入通道
$ADDC$	$ADDB$	$ADDA$	
0	0	0	IN_0
0	0	1	IN_1
0	1	0	IN_2
0	1	1	IN_4
1	0	0	IN_4
1	0	1	IN_5
1	1	0	IN_6
1	1	1	IN_7

ADC0809 的 8 路模拟开关可以实现 8 选 1 操作。地址锁存与译码器的通道选择信号 $ADDA,ADDB,ADDC$，用于选择 8 个输入通道中的一个，地址锁存允许信号 ALE 可将 $ADDA,ADDB,ADDC$ 选中的输入通道与 A/D 转换器接通。

8 位逐次逼近 A/D 转换器可将输入的模拟信号转换为 8 位二进制数，转换结果存入三态锁存输出缓冲器。正脉冲信号 $START$ 可使 A/D 转换器自动转换，大约 100 μs 后转换结束，转换结束后 EOC 信号由低电平变为高电平，通知 CPU 读取数据。

三态锁存输出缓冲器用于存放转换结果，当输出允许信号 OE 为高电平时，8 位转换结果由 $D_0 \sim D_7$ 输出，当 OE 为低电平时，数据输出线 $D_0 \sim D_7$ 为高阻状态。

② 12 位 A/D 转换器 AD574A

AD574A 是一种高性能的 12 位逐次逼近式 A/D 转换器，可以直接与 8 位或 16 位微机总线进行接口。它的主要性能指标：

a. 分辨率为 12 位；

b. 12 位转换结果可分一次或两次读取；

c. 线性误差为 $\pm(1/2)$LSB；

d. 一次 A/D 转换时间约为 25 μs；

e. 采用单通道双极性或单极性模拟电压输入，单极性电压输入为 0～10 V 或 0～20 V，双极性电压输入为 $\pm$5 V 或 $\pm$10 V；

f. 带有三态输出锁存缓冲器；输出电路与 TTL 电平兼容。

• AD574A 的引脚功能

AD574A 为 28 引脚双列直插式封装，其引脚如图 2.19 所示。

AD574A 引脚功能介绍如下：

V_L：数字逻辑部分电压+5 V。

$12/\overline{8}$：数据输出格式选择信号引脚。当 $12/\overline{8}$=1(+5 V)时，双字节输出，即 12 条数据线同时有效输出，当 $12/\overline{8}$=0(0 V)时，为单字节输出，即只有高 8 位或低 4 位有效。

$\overline{CS}$：片选信号端，低电平有效。

A_0：字节选择控制线。在转换期间：A_0=0，AD574A 进行全 12 位转换再读出期间当 A_0=0 时，高 8 位数据有效；A_0=1，低 4 位数据有效，中间 4 位为"0"，高 4 位为三态。因此当采用两次读出 12 位数据时，应遵循左对齐原则。

$R/\overline{C}$：读数据/转换控制信号，当 $R/\overline{C}$=1 时，ADC 转换结果的数据允许被读取；当 $R/\overline{C}$=0 时，则允许启动 A/D 转换。

CE：启动转换信号，高电平有效。可作为 A/D 转换启动或读数据的信号。

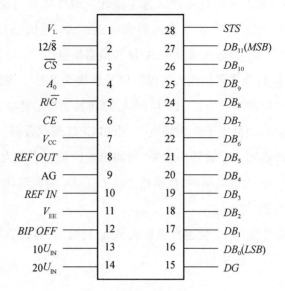

图 2.19　AD574A 引脚图

V_{CC}、V_{EE}：模拟部分供电的正电源和负电源，为 ±12 V 或 ±15 V。

REF OUT：10 V 内部参考电压输出端。

REF IN：内部解码网络所需参考电压输入端。

BIP OFF：补偿调整。接到正负可调的分压网络，以调整 *ADC* 输出的零点。

10 U_{IN}、20 U_{IN}：模拟量 10 V 及 20 V 量程的输入端口，信号的一端接至 *AG* 引脚。

DG：数字公共端（数字地）。

AG：模拟公共端（模拟地）。它是 AD574A 的内部参考点，必须与系统的模拟参考点相连。为了在高数字噪声含量的环境中从 AD574A 获取高精度的性能，*AG* 和 *DG* 在封装时已连接在一起，在某些情况下，*AG* 可在最方便的地方与参考点相连。

$DB_0 \sim DB_{11}$：数字量输出。

STS：输出状态信号引脚。转换开始时，*STS* 达到高电平，转换过程中保持高电平。转换完成时返回低电平。*STS* 可以作为状态信息被 CPU 查询，也可以用它的下降沿向 CPU 发中断申请，通知 A/D 转换已完成，CPU 可以读取转换结果。

● AD574A 的工作状态

AD574A 的工作状态由 CE、$\overline{CS}$、$R/\overline{C}$、$12/\overline{8}$、A_0 五个控制信号来决定，这些控制信号的组合控制功能如表 2.2 所示。

表 2.2 AD574A 控制信号的组合功能

CE	$\overline{CS}$	$R/\overline{C}$	$12/\overline{8}$	A_0	工作状态
0	×	×	×	×	禁止
×	1	×	×	×	禁止
1	0	0	×	0	启动 12 位转换
1	0	0	×	1	启动 8 位转换
1	0	1	接 1 脚(+5 V)	×	12 位并行输出有效
1	0	1	接地	0	高 8 位并行输出有效
1	0	1	接地	1	低 4 位加上尾随 4 个 0 有效

在 AD574A 芯片上有两组控制管脚,通用控制输入管脚(CE、$\overline{CS}$和 $R/\overline{C}$)和内部寄存器控制输入管脚($12/\overline{8}$ 和 A_0)。通用控制管脚的功能与大部分 A/D 转换器相类似,主要完成装置定时、寻址、启动脉冲和读使能等功能。内部寄存器控制输入管脚是大多数 A/D 转换器所没有的,用来选择输出数据的形式和转换脉冲长度。

两个主要的控制功能,转换开始和读使能是由 CE、$\overline{CS}$和 $R/\overline{C}$ 来控制的。

当 $CE=1$、$\overline{CS}=0$,$R/\overline{C}=0$ 时,转换开始;

当 $CE=1$、$\overline{CS}=0$ 和 $R/\overline{C}=1$ 时,允许读数据。

对于一些简单的单独操作,可以使 CE 接高电平,$\overline{CS}$接低电平,$R/\overline{C}$ 根据需要进行控制。在这种方式中,将有 400 ns 负脉冲启动转换。当转换结束时,数据将自动出现。也就是讲,在开始转换时,使 $R/\overline{C}$ 输入处于低电平,然后在转换结束后的任何时间使其为高电平,以便读出数据。

A_0(字节选择)和 $12/\overline{8}$(数字形式)输入端一起用来控制输出数据和转换脉冲。当 $12/\overline{8}$ 接高电平时,允许 12 位输出;当 $12/\overline{8}$ 接低电平时,作为 8 位输出。在这种状态下,当 A_0 被选中时一次只允许高 8 位和低 4 位输入。当 A_0 是低电平状态,允许高 8 位输入;当 A_0 是高电平时允许低 4 位输入(高 8 位被禁止)。

A_0 的另一个功能是控制转换的长度。如果 A_0 在启动脉冲之前保持低电平,将在大约 25 μs 时自动产生全部 12 位脉冲;如果是高电平,则大约 16 μs 出现 8 位脉冲。A_0 线必须在启动脉冲前设置,并保持在所要的位置,至少要到 STS 上升为高电平为止。因此,在微机接口应用中,在实现转换开始和读功能时,必须适当的控制 A_0 线。

STS 状态线在自动转换时变为高电平,当转换结束时再变为低电平。

- AD574A 的输入特性

通过改变 AD574A 引脚 8、10、12 的外接电路,可使 AD574A 进行单极性和双极性模拟信号的转换,单极性转换电路如图 2.20 所示,其系统的模拟信号的地线应与引脚 9 相连,使其地线的接触电阻尽可能小,双极性转换电路如图 2.21 所示。

在图 2.20 和图 2.21 中,电位器 R_{P1} 用于调节零点,电位器 R_{P2} 用于调节增益(满量程),模拟地 AG 和数字地 DG 要一点共地。

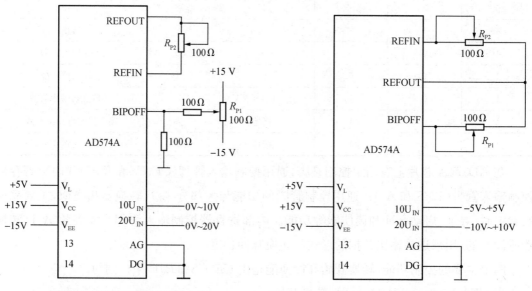

图 2.20　AD574A 单极性转换电路　　　　　图 2.21　AD574A 双极性转换电路

③ A/D 转换器接口技术

a. 8 位 A/D 转换器与 CPU 的接口

8 位 A/D 转换器与 CPU 的接口可采用直接方式进行连接,下面以 ADC0809 为例,介绍 8 位 A/D 转换器与 CPU 的直接连接方式。

当 A/D 转换器具有三态输出锁存缓冲器时,可直接与 CPU 相连,如图 2.22 所示。

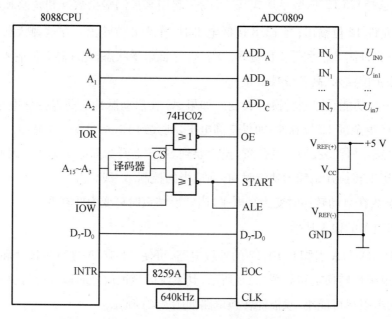

图 2.22　ADC0809 与 CPU 直接连接电路

图 2.22 中，$V_{IN0} \sim V_{IN7}$ 为 8 路 0～5 V 的模拟量输入，8088CPU 的地址线 A15～A3 经过译码器译码产生一片选信号 $\overline{CS}$，CS 与控制信号线 $\overline{IOW}$ 逻辑组合接到 ADC0809 的 START 和 ALE 引脚，在 8088CPU 低 3 位地址线 $A_2 \sim A_0$ 的配合下，用于选择某一个模拟量输入通道，并启动 A/D 转换，当 A/D 转换结束后，发出转换结束信号 EOC，通过 8259A 中断控制器向 8088CPU 申请中断。片选信号 $\overline{CS}$ 和控制信号线 $\overline{IOR}$ 相组合接到 ADC0809 的输出允许信号 OE 端，在中断服务程序中读取 A/D 转换结果。

b. 12 位 A/D 转换器与 CPU 的接口

现以 AD574A 为例，介绍 12 位 A/D 转换器与单片机 8031 的接口及其程序设计的方法。其接口电路如图 2.23 所示。

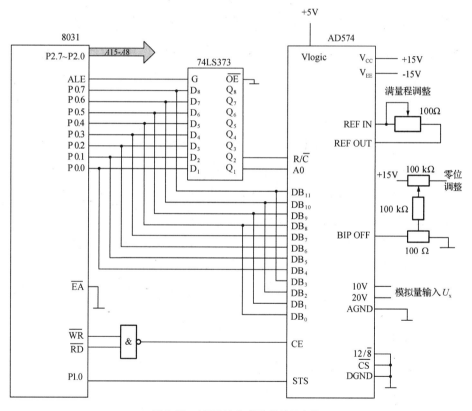

图 2.23　AD574A 与单片机接口电路

如图 2.23 所示，由于 AD574A 内部含三态锁存器，故可直接与单片机数据总线接口连接。本例采用 12 位向左对齐输出格式，所以将低 4 位 $DB_3 \sim DB_0$ 接到高 4 位 $DB_{11} \sim DB_8$ 上。读出时，第一次读 $DB_{11} \sim DB_4$（高 8 位），第二次读 $DB_3 \sim DB_0$（低 4 位），此时，$DB_7 \sim DB_4$ 为 0000H。为使用直接寻位指令查询，将 AD574A 的标志位 STS 直接连到 8031 的 P1.0 位。

AD574A 共有 5 根控制逻辑线,用来完成寻址、启动和读出功能,现在根据表 2.2 和图 2.23 所示说明如下:

(1) 由于数据格式选择端 $12/\overline{8}$ 恒为低电平(接地),所以,数据分两次读出。

(2) 启动 A/D 和读取转换结果,用 CE,$\overline{CS}$ 和 $R/\overline{C}$ 三个引脚控制。图 2.23 中,$\overline{CS}$ 接地,芯片总是被选中;CE 由 $\overline{WR}$ 和 $\overline{RD}$ 两信号通过一个与非门控制,所以不论处于读还是写状态下,CE 均为 1;$R/\overline{C}$ 控制端由 P0.1 控制。综上所述,P0.1=0 时,启动 A/D 转换,而 P0.1=1 时,则读取 A/D 转换结果。

(3) 字节控制器 A0 由 P0.0 控制。在转换过程中,A0=0,按 12 位转换;读数时,P0.0=0 读取高 8 位数据,P0.0=1,则读取低 4 位数据。

图 2.23 所示的接口电路中,也把 AD574A 当成外界 RAM 使用。由于图中所示高 8 位地址 P2.7~P2.0 未用,故只用低 8 位地址,采用寄存器寻址方式。设启动 A/D 的地址为 0FCH,读取高 8 位数据的地址为 0FEH,读取低 4 位数据的地址为 0FFH。查询方式的 A/D 转换程序如下:

```
        ORG     0200H
ATOD:   MOV     DPTR,   ♯9000H；设置数据地址指针
        MOV     P2,     ♯0FFH
        MOV     R0,     ♯0FCH；设置启动 A/D 转换的地址
        MOVX    GR0,    A；     启动 A/D 转换
LOOP:   JB      P1.0,   LOOP；  检查 A/D 转换是否结束
        INC     R0
        MOVX    A,      @R0；   读取高 8 位数据
        MOVX    @DPTR,  A；     存高位数据
        INC     R0；            求低 4 位数据的地址
        INC     DPTR；          求存放低 4 位数据的 RAM 地址
        MOVX    A,      @R0；   读取低 4 位数据
        MOVX    @DPTR,  A；     存低 4 位数据
HERE:   AJAMP  HERE
```

2.3　模拟量输出接口与过程通道

模拟量输出通道是计算机测控系统实现输出控制的关键,它的任务是把计算机输出的数字量转换成模拟电压或电流信号,从而可以驱动相应的执行机构,达到控制的目的。

2.3.1　模拟量输出通道的结构形式

模拟量输出通道一般由接口电路、D/A 转换器、多路转换开关、采样保持器、U/I 变换等构成。模拟量输出通道的结构形式,主要取决于输出保持器的构成方式。保持器一般有数字保持方案和模拟保持方案两种。这就决定了模拟量输出通道的两种基本结构形式。

1) 一个通路设置一个 D/A 转换器的形式

数字保持方案是微处理器和通路之间通过独立的接口缓冲器传送信息,结构图如图 2.24 所示。它的优点是转换速度快、工作可靠,即使某一路 D/A 转换器出现问题,也不会影响到其他通道的正常工作。缺点是需要使用较多的 D/A 转换器。但随着大规模集成电路技术的飞速发展,这个缺点逐步得到克服,这个方案也比较容易实现。

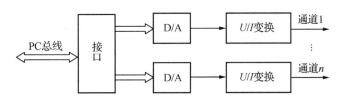

图 2.24　一个通路采用一个 D/A 转换器的结构

2) 多个通路共用一个 D/A 转换器的形式

因为共用一个数/模转换器,它必须要在微型机控制中分时工作,如图 2.25 所示。即依次把 D/A 转换器转换成模拟电压或电流,通过多路模拟开关传送到输出采样保持器。这种结构形式的优点是节省了数/模转换器,但因为分时工作,只适用于通道数量多且速度要求不高的场合。它还要用到多路开关,且要求输出采样保持器的保持时间与采样时间之比较大。这种方案的可靠性比较差。

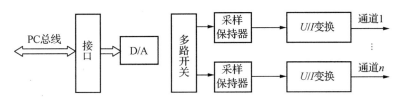

图 2.25　共用 D/A 转换器的结构

2.3.2　D/A 转换器

D/A 转换器是将数字量转换成模拟量的元件或装置,其模拟量输出(电压或电流)与参考电压和二进制数成正比。常用的 D/A 转换器的分辨率有 8 位、12 位、16 位等,其机构差不多,一般都带有两级缓冲器。

1) D/A 转换器的性能指标

D/A 转换器的输入/输出关系为:

$$U = V_{REF} \frac{D}{2^n - 1}$$

式中:D——数字量输入;

U——输出电压;

V_{REF}——参考电压。

D/A 转换器的主要技术指标有:分辨率、非线性误差、建立时间等。

分辨率一般用 D/A 转换器数字量的位数 n(字长)来表示。分辨率如为 n 位,则表示对 D/A 转换器输入二进制数的最低有效位 LSB 与满量程输出的 $1/(2^n - 1)$ 相对应。

非线性误差是指实际转换特性曲线与理想特性曲线之间的最大偏差,并以该偏差相对于满量程的百分数度量。在转换器设计中,一般要求非线性误差不大于 $\pm(1/2)$LSB。

建立时间是指 D/A 转换器中代码有满度的变化时,其输出达到稳定(离终值 $\pm(1/2)$ LSB 相当的模拟量范围内)所需要的时间。一般为几十个毫微秒到几微秒。

2) 常用的 D/A 转换器芯片

(1) 8 位 D/A 转换器芯片 DAC0832

DAC0832 采用双缓冲方式,可以在输出的同时,采集下一个数据,从而提高转换速度;能够在多个转换器同时工作时,实现多通道 D/A 的同步转换输出,主要技术指标为:

① 8 位分辨率,电流输出,稳定时间为 1 μs;

② 可双缓冲、单缓冲或直接数字输入;

③ 只需在满量程下调整相应的线性度;

④ 低功耗,20 mW;

⑤ 逻辑电平输入与 TTL 兼容。

a. DAC0832 的结构与引脚功能

DAC0832 的内部结构如图 2.26 所示,它主要由 8 位输入寄存器、8 位 DAC 寄存器、采用 R - 2R 电阻网络的 8 位 D/A 转换器、相应的选通控制逻辑四部分组成。

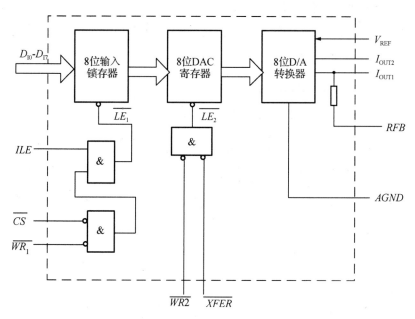

图 2.26　DAC0832 的内部结构

DAC0832 采用 20 脚双列直插式封装,如图 2.27 所示。

DAC0832

$\overline{CS}$	1		20	V_{CC}
$\overline{WR_1}$	2		19	I_{LE}
$AGND$	3		18	$\overline{WR_2}$
DI_3	4		17	$\overline{XFER}$
DI_2	5		16	DI_4
DI_1	6		15	DI_5
DI_0	7		14	DI_6
V_{REF}	8		13	DI_7
RFB	9		12	I_{OUT2}
$DGND$	10		11	I_{OUT1}

图 2.27　DAC0832 引脚排列图

$DI_7 \sim DI_0$ 是 DAC0832 的数字输入端;I_{OUT1} 和 I_{OUT2} 是它的模拟电流输出端。

在输入锁存允许 ILE、片选 $\overline{CS}$ 有效时,写选通信号 $\overline{WR_1}$(负脉冲)能将输入数字 D 锁入 8 位输入寄存器。在传送控制 $\overline{XFER}$ 有效条件下,$\overline{WR_2}$(负脉冲)能将输入寄存器中的数据传送到 DAC 寄存器。数据送入 DAC 寄存器后 1 μs(建立时间),I_{OUT1} 和 I_{OUT2} 稳定。

$\overline{LE}$=1 时,寄存器直通;$\overline{LE}$=0 时,寄存器锁存。

b. DAC0832 模拟电压输出极性

DAC0832 是电流型输出,外接运算放大器可以获得单极性或双极性模拟电压,如图 2.28 所示。

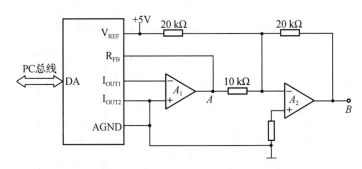

图 2.28   DAC0832 模拟电压输出电路

图中,A 点输出为单极性模拟电压,其值为:

$$U_{o1} = -V_{REF} \times (数字量/256)$$

从 B 点输出为双极性模拟电压,其值为:

$$U_{o2} = V_{REF} \times [(数字量-128)/128]$$

上述两式输出电压的极性由 V_{REF} 确定。其中的数字量是指 DAC0832 的数字量输入,其范围为 00~FFH,在计算时应将其转换成十进制数。如果 $V_{REF} = +5$ V,则 A 点的输出电压可算得为 0~-5 V,B 点输出电压为 -5~$+5$ V。

c. DAC0832 的接口电路

DAC0832 与单片机有两种基本的接口方式,即单缓冲器方式和双缓冲器同步接法。

● 单缓冲器方式接口

单缓冲器方式是使 DAC0832 中的输入寄存器和 DAC 寄存器中的任意一个始终处于常通方式或同时处在选通和锁存的工作状态。它适用于系统只有一路 D/A 转换或虽然是多路转换但要求同步输出时采用。

单缓冲器方式的电路有三种接法:一是 DAC 寄存器处在常通状态时,$\overline{WR_2}$、$\overline{XFER}$ 接地,使输入寄存器成选通工作状态;二是输入寄存器处在常通状态时,$\overline{WR_1}$、$\overline{CS}$ 接地,I_{LE} 接高电平,使 DAC 处在选通工作状态;三是两个寄存器同时处于选通及锁存工作状态时,I_{LE} 接高电平,$\overline{CS}$ 和 $\overline{XFER}$ 同时接受芯片选中信号,而 $\overline{WR_1}$、$\overline{WR_2}$ 同时与 CPU 的 $\overline{WR}$ 相连。

图 2.29 是采用第三种接法的单缓冲方式接口电路。图中 $\overline{CS}$ 和 $\overline{XFER}$ 都与 8031 的高位地址线 P2.7 相连。由于 0832 具有数字量的输入锁存功能,故数字量可直接从 P0 口送给 0832。可见 DAC0832 的口地址为 7FFFH。执行下面的程序段,可以完成一次 D/A 转换。

MOV	DPTR,	♯7FFFH;	指向 0832
MOV	A,	♯DATA;	要转换的数装入 A 中
MOVX	@DPTR,	A;	数据送入 0832,并转换

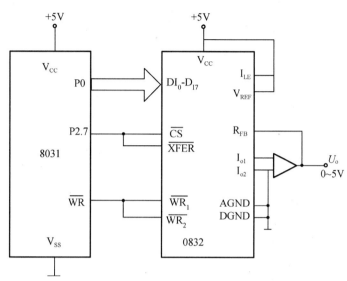

图 2.29　DAC0832 单缓冲器方式单级输出接口方式

- 双缓冲器同步方式接口

DAC0832 芯片内有输入寄存器和 DAC 寄存器,它们和 $\overline{LE1}$、$\overline{LE2}$ 锁存控制信号构成两级锁存。这样,若要求多个数据同时转换输出时,可以先将这些数据分别送入对应的多路 D/A 转换器的输入寄存器中保存,待所有数据传送完毕后,再对所有的 D/A 转换器同时发出转换控制信号,使各 D/A 转换器将输入寄存器中的数据同时送至各自的 DAC 寄存器中,因而实现同步转换输出。

设现有两组 8 位数据,每组中均有 8 个数据,分别存在以 ♯DATA₁ 和 ♯DATA₂ 为首地址的内存中。若要对两组数据同时转换并单极性输出,可用图 2.30 电路实现。

图中 P2.5 和 P2.6 分别用于两路 D/A 转换器的输入寄存器的选择及锁存控制,P2.7 与两路 D/A 转换器的 $\overline{XFER}$ 端相连用于控制同步转换输出,两路的 $\overline{WR_1}$、$\overline{WR_2}$ 均与 CPU 的写信号 $\overline{WR}$ 相连。这样,上面问题的实现程序如下:

	MOV	R0,	♯DATA1;	第一组数据首地址
	MOV	R1,	♯DATA2;	第二组数据首地址
	MOV	R2,	♯08H;	每组数据个数
LOOP:	MOV	DPTR,	♯0DFFFH;	指向 0832 (1)
	MOV	A,	@R0;	将第一组数据之一送入 A 中

MOVX	@DPTR, A;	A 中数据送入 0832(1)中锁存
MOV	DPTR, #0BFFFH;	指向 0832(2)
MOV	A, @R1;	将第二组数据之一送入 A 中
MOVX	@DPTR, A;	A 中数据送入 0832(2)中锁存
MOV	DPTR, #7FFFH;	同时指向 0832(1)、0832(2)
MOVX	@DPTR, A;	同时完成 D/A 转换输出
INC	RO;	指向第一组的下一个数据地址
INC	R1;	指向第二组的下一个数据地址
DJNZ	R2, LOOP;	转换结束否,未完成 LOOP
END;		转换输出结束

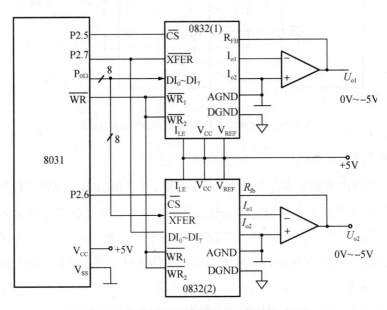

图 2.30　0832 的双缓冲器同步方式输出接口电路

(2) 12 位 D/A 转换器芯片 DAC1210

DAC1210 的结构如图 2.31 所示。DAC1210 的基本结构与 DAC0832 相似,也由两级缓冲器构成,主要差别在于它是 12 位数据输入,它的第一级缓冲器分成了一个 8 位输入寄存器和一个 4 位输入寄存器,以便利用 8 位数据总线分两次将 12 位数据写入 DAC 芯片。这样,DAC1210 内部有 3 个寄存器,需要 3 个端口地址,为此,芯片内部提供了 3 个 $\overline{LE}$ 信号的控制逻辑。

$B_1/\overline{B_2}$ 是写字节 1/字节 2 的控制信号。$B_1/\overline{B_2}=1$,12 位数据同时存入第一级的输入寄存器(8 位输入寄存器和 4 位输入寄存器);$B_1/\overline{B_2}=0$,低 4 位数据存入输入寄存器。

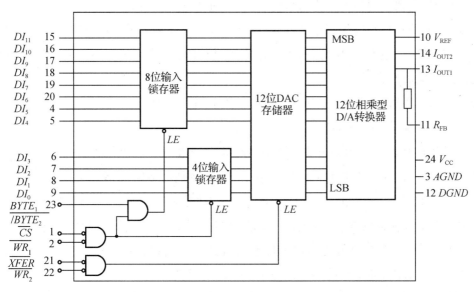

图 2.31 DAC1210 的内部结构

2.4 输入/输出信号的隔离

2.4.1 模拟量输入/输出信号的隔离

1) 隔离技术

在计算机测控系统中,输入/输出接口有两大作用:一个是针对计算机测控系统既包括弱电控制部分又包括强电控制部分,为了使两者之间既要保证控制信号联系,又要保证电气隔绝,实现弱电和强电部分的隔离,或者是在两个电路模块之间需要保持信号联系,又要使用不同的电源,保证系统工作稳定,并提供安全保障,即电源隔离;另一个作用是使信号在传输过程中把干扰源和易干扰的电路部分进行隔离,实质上是切断干扰途径,从而可以使计算机测控系统的信号传输与后级不发生电的联系,仅仅保持信号联系。

计算机测控系统的各个电路模块之间,现场信号采集与计算机控制之间,弱电控制与强电控制之间常用的隔离方式有变压器隔离、继电器隔离和光电隔离等。

模拟信号的隔离经常使用隔离放大器,这是因为隔离放大器的线性和稳定性好,隔离电压和共模抑制比高,应用电路简单,频带较宽等。根据不同的耦合方式,隔离放大器可以分为变压器耦合隔离放大器和光耦合隔离放大器。

2) 模拟量输入通道的隔离

在过程计算机控制系统中,输入、输出通道由于直接与工业生产现场相连,所处的工作环境相当恶劣,受到现场各种干扰的影响,而且在过程计算机控制中都有多个输入通道来自于生产现场的不同位置,这些信号之间的"地"也不同,因此输入系统的隔离除了需控制计算机与现场侧的例外,还需要对多路输入信号之间进行隔离,以达到抑制共模干扰的目的,这个称之为路间隔离。

模拟量输入通道的隔离主要有模拟隔离和数字隔离两种形式。

(1) 模拟量输入通道的模拟隔离

A/D 通道隔离经常采用的方式是使用隔离放大器进行模拟信号的隔离,模拟隔离形式如图 2.32 所示。这种方式采用了两种隔离措施,一种是对多路模拟开关(CD4051)的控制信号 $\overline{INH}$ 和地址信号(A、B、C)进行光电隔离,另一种是采用变压器耦合隔离或光电隔离放大器。为了保证放大器的线度,应该选用线性度较好的光电耦合器。这种隔离方式的优点是电路简单,共用 A/D 转换器也可以方便地实现路间隔离;缺点是隔离放大器的价格比较高。从图中可以看出,各路通道供电电源 V_{CC} 间也是隔离开的,常使用 DC - DC 变换器,此外有些隔离放大器本身也提供隔离电源,只需采用单一电源就可。

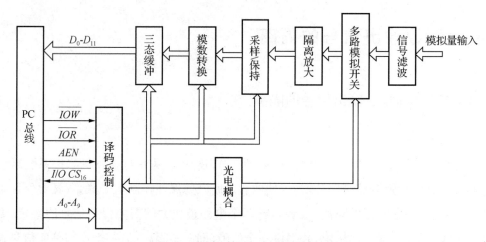

图 2.32　模拟量输入通道的模拟信号隔离

(2) 模拟量输入通道的数字隔离

A/D 通道的数字隔离一般来讲是使用光耦合器隔离计算机这边信号。这里主要有两种形式:图 2.33(a)为共用一个 A/D 转换器的形式,由于多路转换开关将各输入通道的电信号连在了一起,因此无法实现路间隔离,抗共模干扰能力较差,适用于各输入信号可共地的情况或者输入信号引入前已进行过隔离处理。由于这种数字隔离方式不能有效抑制共模干扰,最多只能起到保护控制计算机的作用,也称为"伪"隔离方式。图 2.33(b)为不共用 A/D 转换器的形式,由于没有多路转换开关,因此只需要各通道的供电电源是隔离的,就可以将计算机与输入通道以及各输入通道之间完全隔离开来,从而满足路间隔离的要求。随着A/D转换器价格的降低,这种使用多个 A/D 转换器进行数字隔离的方式将会越来越多地被采用。

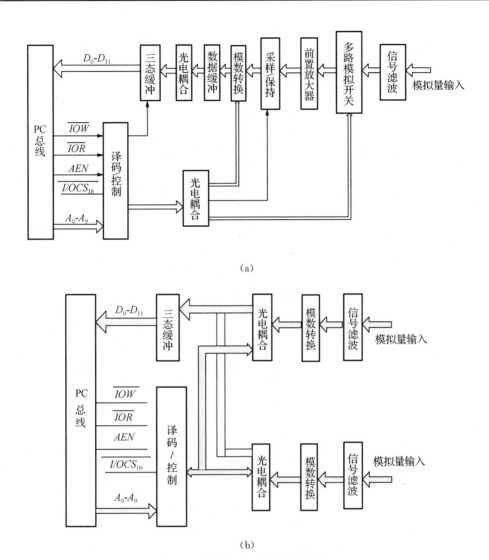

图 2.33 模拟量输入通道的数字隔离

数字隔离和模拟隔离两种形式各有优缺点,模拟信号隔离方法的优点是需要使用的器件较少,缺点是为了保证 A/D 转换的精度和线性度需较高的成本;数字隔离方法的优点是调试简单,不会影响到系统的精度和线性度,缺点是需要使用较多的光耦合器。但由于光耦合器价格越来越便宜,数字隔离方法的优势将越发体现出来,因此今后在工程中将越来越多地采用数字隔离方式。

3)模拟量输出通道的隔离

模拟量输出通道的隔离与模拟量输入通道的隔离其实类似,也可以采用数字隔离和模拟隔离两种不同的形式,如图 2.34 所示。第一种是在 D/A 转换器后的现场直接隔离模拟信号,如图 2.34(a)所示,隔离模拟信号使用隔离放大器。另一种则是在 D/A 转换器前的计算机用数字光耦合器隔离数字信号,如图 2.34(b)所示,应当注意的是,除了隔离数据线外,地址线和控制线也同样需要隔离。这两种隔离方法优缺点与上述模拟量输入通道数字隔离和模拟隔离相同。

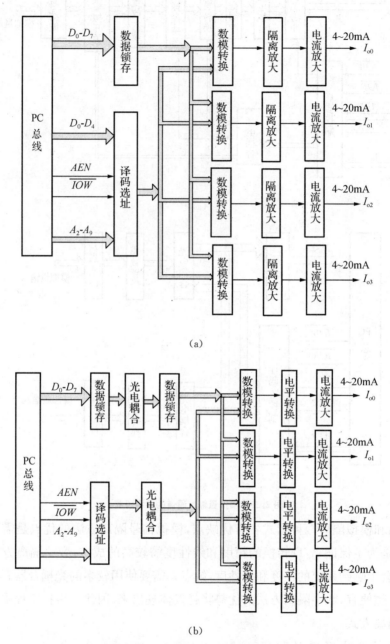

（a）

（b）

图 2.34　模拟量输出通道隔离方式

模拟量输出通道用数字隔离方式的另一个原因是 D/A 转换一般采用 1 路输出对应 1 个 D/A 转换器，这样在有多路输出的情况下，只要供电电源是隔离的，数字隔离就可以实现 D/A 通道间与计算机间的完全隔离。如图 2.34(b)所示的多路输出情况，为了使用单一电源供电，各个供电电源除了可以分别由相连的现场供电外，也可以通过 DC - DC 变换器来实现。

2.4.2 数字量输入/输出信号的隔离

在计算机测控系统中,为了提高采样系统的抗干扰能力,经常需要将工业现场的控制对象与计算机系统在电气上隔离开来。过去一般使用脉冲变压器、继电器等来完成隔离任务,现在一般使用光电耦合器,因为它具有可靠性高、体积小和成本低等优点。

光耦合器由发光器件和光接收器件两部分组成,它们被封装在同一个外壳内,其图形复合如图 2.35 所示。

发光二极管的作用是将电信号转换成光信号,光信号作用于光敏三极管的基极上使光敏三极管受光导通。这样通过电-光-电的转换,把输入端的电信号传送到输出侧,而输入侧与输出侧并无电气上的直接联系,所以在电气上被隔离开来。光耦合器输入侧的工作电流一般在 10 mA 左右,正常工作电压一般

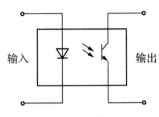

图 2.35 光电耦合器电路

小于 1.3 V。所以光耦合器输入电路可直接用 TTL 电路驱动,如图 2.36(a)所示;而 MOS 电路不能驱动它,必须通过一个晶体三极管来驱动,如图 2.36(b)所示。

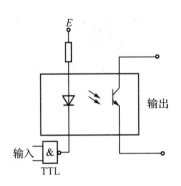

(a) TTL 电路直接驱动

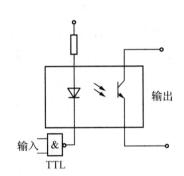

(b) MOS 电路通过晶体三极管驱动

图 2.36 光耦合器的输入驱动电路图

光耦合器的输出可直接驱动 TTL、HTL 和 MOS 等器件电路。图 2.37 给出了一个用光耦合器隔离开关量信号的电路图。当输入 U_i 为高电平时,A 点为低电平,发光二极管导通发光,光敏三极管受光导通。B 点为低电平,晶体三极管 VT 截止,输出 U_o 为高电平。当输入 U_i 为低电平时,A 点为高电平,发光二极管截止,光敏三极光截止,B 点为高电平,晶体三极管 VT 饱和导通,输出 U_o 为低电平。这样就将输入侧的信号传递到了输出侧。由于 E_1 和 E_2 这两个电源不同地,所以输入侧与输出侧电气上无直接的联系,输入/输出信号被完全隔离开来。由图 2.37 可知,通过光耦合器还可以实现电平转移。

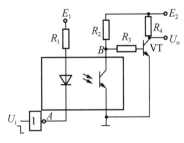

图 2.37 用光耦合器隔离开关量信号的电路图

2.5　人机接口设计

计算机测控系统通常具有人机对话功能,一方面是操作人员可以向系统发布命令和输入数据,另一方面是系统能向操作人员报告系统运行状态和运行结果。输入功能可通过系统操作面板上的键盘来实现,输出功能主要是通过显示、记录、打印和报警灯装置来实现。

2.5.1　键盘接口技术

键盘是微机测控系统中必不可少的输入部件,它用来进行人机对话或某种操作,如输入和修改参数、启动/停止系统运行、选择工作方式等。

1) 键盘的特点及去抖动

键盘实际上是一组按键开关的组合。通常,按键所用开关为机械弹性开关,均利用了机械触点的闭合、断开作用。一次键盘输入是通过一个按键开关的机械触点的闭合、断开过程完成的。由于机械开关的弹性作用,一个按键开关在闭合时不会马上稳定地接通,在断开时也不会一下子断开,因而在闭合与断开的瞬间均有一连串的抖动,抖动时间的长短由按键的机械特性来决定,一般为 5～10 ms,如图 2.38 所示。为保证CPU 对按键的一次闭合与断开仅作一次按键输入处理,必须要消除抖动所带来的影响。

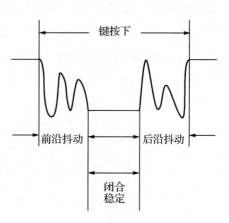

图 2.38　按键抖动信号变形

通常,去抖动的措施有软硬件两种。硬件去抖动的方法主要有滤波和双稳态消抖电路等,如果按键较多,则硬件去抖方法的电路过于复杂,在实际系统也较少被采用,这里主要介绍软件去抖动的方法。

软件去抖动方法的原理是:第一次检测到有键按下时,执行一段延时 10 ms 的子程序后,再确认该键电平是否仍保持闭合状态电平,如果仍保持闭合状态电平就确认为真正有键按下,否则视为无效,从而消除了抖动的影响。这种方式由于不需要追加硬件投入而被广泛使用,但是这种方法需要占用 CPU 的时间。

2) 重键及处理技术

重键问题是指在实际操作过程中,如果无意中同时或先后按下两个以上的键,这时就很难确认哪个键是有效的。这种情况下一般采用软件技术来进行解决。

当发生有键按下时,经 10 ms 延时去除抖动后,程序转入按键定位阶段,确定按下的是单键还是多键以及各按键具体的行列位置,并按下面方法进行处理。

如果是单键,则以此键为准,其后(指等待此键释放的过程中)其他的任何按键均无效。这只要让程序在以后的操作中不再进行按键定位处理,只注视所有按键都释放这一结果即可。

如果是多键,处理方法有三种:其一是将此次按键操作视为无效;其二是视多键均有效,按扫描顺序,将识别出的按键依次存入缓冲区中以待处理;其三是不断对按键进行定位处理,或者认为最先释放的按键有效,其他键无效,或者认为最后释放的按键有效,而其他按键无效。

3) 独立式键盘接口设计

独立式键盘是各个按键相互独立,每个按键各接一根输入线,一根输入线上的按键工作状态不会影响到其他输入线的工作状态。因此通过检测输入线的电平状态可以很容易判断哪个按键被按下了。

独立式键盘电路配置灵活,软件结构比较简单。但每个按键均需要占用一个 I/O 输入口,输入口浪费较大,电路结构显得非常复杂,因此这种键盘适用于按键较少或操作速度较高的场合。下面介绍几种独立按键的接口。

(1) 采用可编程并行接口

采用 8255A 可编程并行输入/输出接口扩展独立式按键的电路如图 2.39 所示。

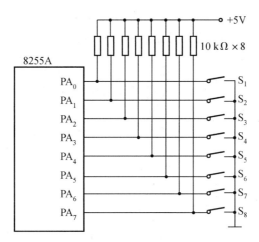

图 2.39　采用 8255A 扩展式独立式键盘

当某一个按键被按下时,对应位为 0,用位检测可以识别出按键的工作状态。

如果 CPU 选用 8XC196,8255A 的口地址分配如下:PA 口为 7FFCH、PB 口为 7FFDH、PC 口为 7FFEH、控制口为 7FFFH。

程序设计如下:

```
KBSCAN：   LD      BX,     #7FFCH;        口地址→BX
           LDB     AL,     [BX];          读键状态
           CMPB    AL,     #0FFH
           JZ      DONE;                  无键按下,转 DONE
           LCALL   D10MS;                 延时 10ms,消抖动
           LD      BX,     #7FFCH
```

```
        LDB     AL,        [BX];          重读
        CMPB    AL,        ♯0FFH
        JZ      DONE;                     无键按下,转 DONE
        JBC     AL,0,S1;                  转 S1 键处理
        JBC     AL,0,S2;                  转 S2 键处理
                ...
DONE:   RET
S1:                S1 键处理
S2:                S2 键处理
                ...
```

（2）采用三态缓冲器

采用 74HC245 三态缓冲器扩展独立式按键的电路如图 2.40 所示。

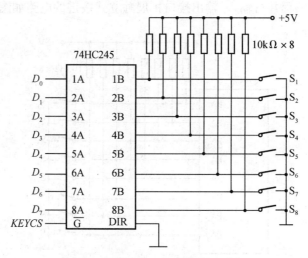

图 2.40　采用 74HC245 扩展独立式键盘

在图 2.40 中,KEYCS 为读键值口地址。按键 $S_1 \sim S_8$ 的键值为 00H～07H,如果这八个按键均为功能键,为简化程序设计,可采用散转程序设计方法。如果 CPU 采用 MCS51 系列,则程序设计如下:

```
KEYPR:  MOV     DPTR,♯JPTAB;    跳转首地址送 DPTR
        MOV     A,KEYBUF;       从键值缓冲区 KEYBUF 中取键值
        MOV     B,A
        ADD     A,B
        ADD     A,B;            键值乘 3
        JMP     @A+DPTR;        转到相应地址
JPTAB:  LJMP    S1PR;           转 S1 功能处理程序
```

LJMP	S2PR;	转 S2 功能处理程序
LJMP	S3PR;	转 S3 功能处理程序
LJMP	S4PR;	转 S4 功能处理程序
LJMP	S5PR;	转 S5 功能处理程序
LJMP	S6PR;	转 S6 功能处理程序
LJMP	S7PR;	转 S7 功能处理程序
LJMP	S8PR;	转 S8 功能处理程序

4）矩阵式键盘接口设计

当键很多时，通常可将键排成矩阵形式。按键的这种组织形式称为矩阵式键盘或行列式键盘。图2.41给出了一个3×3矩阵式键盘，这个矩阵分为3行3列，如果第5号键按下，则第一行线和第二列线接通而形成通路。如果第一行线接为低电平，则由于键5的闭合，会使第二列线也为低电平。矩阵式键盘工作时，就是按照行线和列线的电平来识别闭合键。其识别按键的方法有行扫描法、线反转法等。

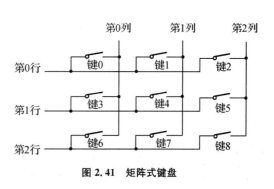

图 2.41　矩阵式键盘

（1）行扫描法

图2.42所示为采用行扫描法的4×8键盘电路。假定A键被按下，此时键盘矩阵中A点处的行线和列线相通。

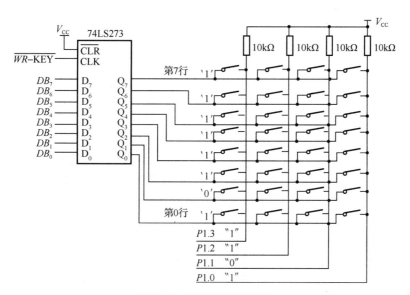

图 2.42　扫描法键盘示意图

　　行扫描法识别闭合键的工作原理如下:先使第 0 行输出"0",其他行输出"1",然后检查列线信号。如果某列有低电平信号,则表明第 0 行和该列相交位置上的键被按下了,否则说明没有按键被按下。此后,再将第一行输出"0",其余行为"1",检查列线中是否有变为低电平的线。以此类推,逐行扫描,直到最后一行。在扫描过程中,当发现某一行有键闭合时,就中断扫描,根据行线位置和列线位置,识别这时被按下的是哪一个按键。

　　(2)线反转法

　　扫描法需要逐行进行扫描查询,如果按下的是最后一行的键,就需要进行多次扫描才能找到具体按键的位置。而线反转法比较简单,无论按键在什么位置,均只需要两步便可以找到按键的具体位置,其原理如图 2.43 所示。

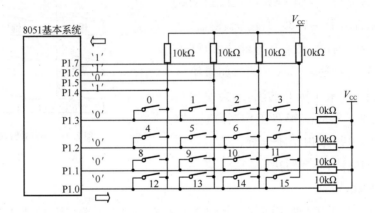

(a) 行线输出,列线输入

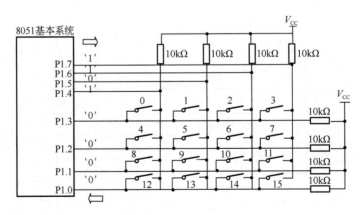

(b) 列线输出,行线输入

图 2.43　线反转法示意图

　　从图 2.43 中可以看出,用线反转法识别闭合键,要将行线接一个并行口,列线也接到一个并行口,先让行线工作在输出方式,列线工作在输入方式,即往输出端口各行线上全部送"0",然后从输入端口读入列线的值。如果此时有某个按键被按下,则必定会使某一列线值为"0"。然后,重新设置两个并行端口的工作方式,使其互换,将读到的列线值从并行端口输出,再读取行线的输入值,那么,闭合键所在的行线上的值必定为"0"。这样,就可以获得被按下键的行列值。

例如,图 2.43 中标号为 9 的键闭合,则第一次往行线输出全 0 后,读得列值为 1101,第二次从列线输出读得值后,会从行线上读得行值 1101。于是,行值和列值合在一起得到一个数值 11011101,即 0DDH,这个值就是对应键 9。

2.5.2　显示接口技术

计算机测控系统中常用的测量数据的显示器有发光二极管显示器(LED)和液晶显示器(LCD)。在不带微型计算机的测控系统中,这些数字显示器一般与 BCD 码输出的 A/D 转换器连接;而在微型计算机测控系统中,这些数字显示器通常与微机接口连接。

1) 发光二极管显示器及接口电路

(1) LED 显示器的结构

发光二极管(LED)是一种电光转换型器件,LED 显示器是由一些发光二极管组成的显示字段的显示器件,主要分为共阴极和共阳极两种。共阴极 LED 显示器是将发光二极管的阴极连在一起作为公共端,使用时该端接低电平。共阳极 LED 显示器是将发光二极管的阳极连在一起作为公共端,使用时该端接高电平。

常用的七段 LED 显示器中有八个发光二极管,也称之为八段显示器。其中七个发光二极管构成七笔字形"8",一个发光二极管构成小数点,如图 2.44 显示。七段 LED 显示段码表如表 2.3 所示。

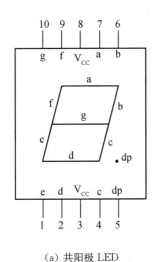
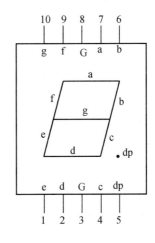

(a) 共阳极 LED　　　　　　　　　(b) 共阴极 LED

图 2.44　LED 显示器引脚图

表 2.3　七段 LED 显示段码表

显示字符	共阴极	共阳极	显示字符	共阴极	共阳极
0	3FH	C0H	b	7CH	83H
1	06H	F9H	C	39H	C6H
2	5BH	A4H	d	5EH	A1H
3	4FH	B0H	E	79H	86H
4	66H	99H	F	71H	8EH
5	6DH	92H	P	73H	8CH
6	7DH	82H	U	3EH	C1H
7	07H	F8H	Y	6EH	91H
8	7FH	80H	.	80H	7FH
9	6FH	90H	不显示	00H	FFH
A	77H	88H	…	…	…

（2）LED 显示器接口

测控系统中的 LED 显示器通常由多位的 LED 数码管排列而成，每位数码管内部有八个发光二极管。从显示数字的 BCD 码转换成对应的段选码称为译码，译码既可以用硬件来实现也可以采用软件来实现。采用硬件实现时，微机输出的是显示数字的 BCD 码，微机与 LED 段选端间的接口电路包括锁存器（锁存显示数字的 BCD 码）、译码器（将 BCD 码输入转换成段选码输出）和驱动器（驱动发光二极管发光）。采用软件译码时，微机输出的是通过查表软件得到的段选码，在接口电路中不需要使用译码器，只需要使用锁存器和驱动器。为了使发光二极管正常发光，导通电流 I_F 以 5～10 mA 为宜，管压降 V_F 在 2 V 左右，若驱动器驱动电压为 V_{OH}，则发光二极管串联限流电阻 R 可按下列表达式计算：

$$R = \frac{V_{OH} - V_F}{I_F}$$

多位的 LED 显示器有静态显示和动态显示两种方式。所谓静态显示就是各位同时显示，在此显示状态下，各位的 LED 数码管的位选端应连接在一起固定接地（共阴极）或接 +5 V（共阳极），每位数码管的段选端应该分别接一个 8 位锁存器/驱动器。动态显示指逐位轮流显示，这种显示方式必须要求各位的 LED 数码管的段选端并接在一起，由同一个 8 位 I/O 口或锁存器/驱动器控制，而各位数码管的位选端分别由相应的 I/O 口线或锁存器控制。

LED 显示器工作在静态显示方式时，每位的位选端（公共端）接地（共阴极）或为 +5 V（共阳极），每位的段选端（a～dp）与一个 8 位并行口相连。当某位的位选信号有效时，只要在该位的段选端上保持段选码电平，该位就显示相应的字符，一直到下次刷新显示段码时为止。这种显示占用 CPU 的时间少，但使用元件多，线路复杂，硬件成本较高。

应用系统中,静态显示方式通常采用 BCD 七段锁存、译码驱动芯片作为每位 LED 显示器的接口,经常使用的芯片有 MC14495、CD4511 等。下面以 MC14495 为例,来分析 LED 静态显示的接口设计。

MC14495 片的引脚图如图 2.45 所示,其真值表如表 2.4 所示。A、B、C、D 为二进制码 (BCD 码)输入端,$a \sim g$ 为七段代码输出,$\overline{LE}$ 为锁存控制端,它为低电平时可以输入数据,反之锁存。$h+i$ 为输入数据大于等于 10 的指示位,若输入数据大于或等于 10,则 $h+i$ 输出高电平,反之输出低电平。$\overline{VCR}$ 为输入等于 15 的指示位,如果输入数据等于 15,则 $\overline{VCR}$ 输出低电平,否则输出高电平。

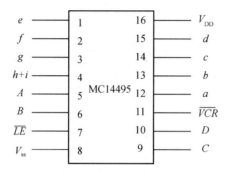

图 2.45 MC14495 的引脚图

表 2.4 MC14495 的真值表

输 入				输 出								显示
D	C	B	A	a	b	c	d	e	f	g	$h+i$	
0	0	0	0	1	1	1	1	1	1	1	0	0
0	0	0	1	0	1	1	0	0	0	0	0	1
0	0	1	0	1	1	0	1	1	0	1	0	2
0	0	1	1	1	1	1	1	0	0	1	0	3
0	1	0	0	0	1	1	0	0	1	1	0	4
0	1	0	1	1	0	1	1	0	1	1	0	5
0	1	1	0	1	0	1	1	1	1	1	0	6
0	1	1	1	1	1	1	0	0	0	0	0	7
1	0	0	0	1	1	1	1	1	1	1	0	8
1	0	0	1	1	1	1	1	0	1	1	0	9
1	0	1	0	1	1	1	0	1	1	1	0	A
1	0	1	1	0	0	1	1	1	1	1	1	b
1	1	0	0	1	0	0	1	1	1	0	1	C
1	1	0	1	0	1	1	1	1	0	1	1	d
1	1	1	0	1	0	0	1	1	1	1	1	E
1	1	1	1	1	0	0	0	1	1	1	1	F

采用 MC14495 芯片的四位静态 LED 显示接口电路如图 2.46 所示。MC14495 内部有输出限流电阻,不需要外接限流电阻。MC14495 不提供 dp(小数点)信号,如果系统需要显示带小数点的数字,则需要在八段 LED 显示器的 dp 端另外加上驱动控制。

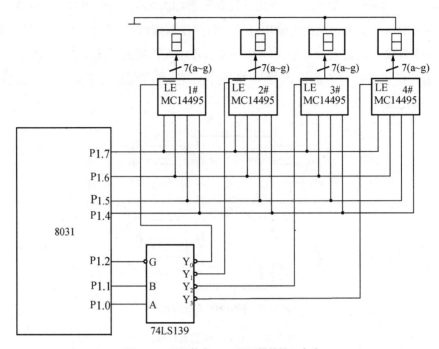

图 2.46　四位静态 LED 显示器的接口电路

图 2.46 中,P1.7~P1.4 用于输出 BCD 码,P1.2 控制 2~4 译码器的使能端,低电平有效,P1.0 和 P1.1 为位选译码输出口。工作时,单片机通过 P1 口送出代码,使每一位 LED 显示系统所要求的数据,因此在同一时间里每一位显示的字符可以不相同。

2)液晶显示器及接口电路

液晶显示器(LCD)是一种功耗极低的显示器件,在小型的仪器仪表或低功耗的应用系统中,获得了广泛的应用。

(1)LCD 的基本结构及工作原理

液晶显示器的结构如图 2.47 所示,在上下玻璃电极之间封入相列型液晶材料,液晶分子平行排列,上下扭曲 90°。外部入射光线通过上偏振片后形成偏振光,该偏振光通过平行排列的液晶材料后被旋转 90°,再通过与上偏振片平行的下偏振片被反射板发射回来,显透明状态。当上下电

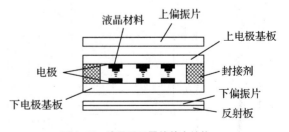

图 2.47　液晶显示器的基本结构

极加上一定的电压后,电极部分的液晶分子转成垂直排列,失去旋光性,从上偏振平入射的偏振光不被旋转,光无法通过下偏振片返回,因而呈黑色。根据要求将电极做成各种文字、数字和图形,就可以获得各种状态显示的液晶显示器。

（2）LCD 的驱动方式

液晶显示器的驱动方式由电极引线的选择方式确定,因此,在选择好液晶显示器后,用户无法改变驱动方式。在工业上较常使用的液晶显示器有静态驱动和时分割驱动两种,现在以静态驱动为例说明其工作原理。图 2.48 是某一字段的驱动电路及工作波形。工作时,将公共端 A 加上一个方波信号,当控制端 $B=$ "0" 时,经异或后,C 端的电压将永远与 A 端相同,LCD 极板间的电位差为零,笔段消隐。当 $B=$ "1" 时,C 端与 A 端电压反相位,LCD 极板呈现反电压,且有叠加的电平差,此时笔段显示。可见该字段是否显示完全取决于控制端 B。图 2.49 为七段液晶显示器电极配置及驱动译码电路,七个字段的几何排列顺序为 "F" 字型。BCD 七段译码器的输出接每个字段的控制端,公共端 COM 接一定周期的方波信号。七段 LCD 译码及数字显示如表 2.5 所示。液晶显示电路与 MCS-51 单片机接口十分简单,只要使用一个 P_1 接口即可。图 2.50 给出了 4 位液晶显示电路接口电路图。LCD 采用 4 位显示屏,公共端 COM 由 CMOS 单稳多谐振荡器 4047 构成的振荡电路提供方波信号,4056 为 CMOS-BCD 七段译码驱动器,4 个 4056 由 4514 构成的 4～16 译码器轮流选通。P1.4、P1.5、P1.6 分别与 A、B、C 相连,实现 3～8 译码,P1.7 与 IBT 输出允许端相连,以控制有效输出。

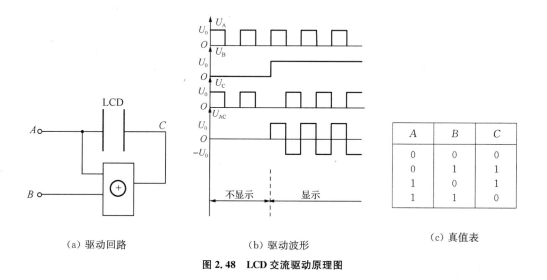

（a）驱动回路　　　　　　　　（b）驱动波形　　　　　　　　（c）真值表

图 2.48　LCD 交流驱动原理图

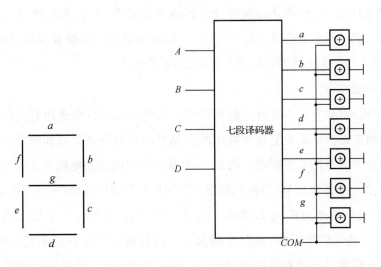

（a）电极配置   （b）显示电路

图 2.49 七段液晶显示器电极配置及译码驱动电路

表 2.5 七段 LCD 译码及数字显示

D	C	B	A	a	b	c	d	e	f	g	显示字符
0	0	0	0	1	1	1	1	1	1	0	0
0	0	0	1	0	1	1	0	0	0	0	1
0	0	1	0	1	1	0	1	1	0	1	2
0	0	1	1	1	1	1	1	0	0	1	3
0	1	0	0	0	1	1	0	0	1	1	4
0	1	0	1	1	0	1	1	0	1	1	5
0	1	1	0	1	0	1	1	1	1	1	6
0	1	1	1	1	1	1	0	0	0	0	7
1	0	0	0	1	1	1	1	1	1	1	8
1	0	0	1	1	1	1	1	0	1	1	9

　　设 8031 片内 RAM20H-23H 四个单元为显示缓冲区，每个显示缓冲区内为 4 位分离的 BCD 码，其显示子程序如下：

LDIR：	MOV	R0,♯20H；	显示缓冲区首址 R0
	MOV	R3,♯00H；	位选码送 R3
	MOV	R4,♯04H；	位数送 R4
LOOP：	MOV	A,R3；	位选码送 A
	SWAP	A；	位选码置入高 4 位
	MOV	R2,A；	保存位选码
	MOV	A,@R0；	取显示码

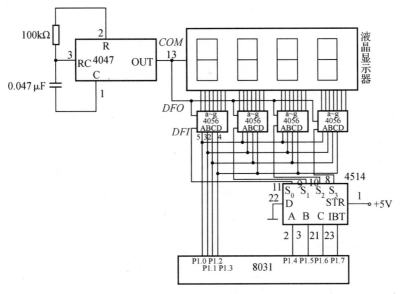

图 2.50 4 位 LCD 静态显示电路

ORL	A,R2；	位选码与 BCD 码组合
ORL	A,♯80H；	ACC 7 置 1
MOV	P1,A；	输出组合码
ANL	P1,♯7FH；	清 P 1.7 位
ORL	P1,♯80H；	P 1.7 再置 1
INC	R3；	指向下一位显示数
INC	RO；	指向下一位显示缓冲单元
DJNZ	R4,LOOP；4	位未显示完返回
RET		

习 题 2

2.1 什么是接口、接口技术和过程通道？

2.2 利用 12 位 A/D 转换器通过 8255A 实现模拟量采集,画出电路原理图,并编写程序。

2.3 为了信号的恢复,信号的采样频率与输入信号中的最高采样频率之间应该满足什么关系？工程上一般如何选取？

2.4 采样保持器的作用是什么？是否所有的模拟量输入通道中都需要采样保持器？

为什么?

2.5　香农定理的基本内容是什么? 采样频率的高低对数字控制系统有什么影响?

2.6　画图说明模拟量输入通道的结构,说明各单元的作用。

2.7　说明数字量输入通道的基本组成。

2.8　数字量信号、开关信号和脉冲信号各有什么特点?

2.9　对孔径时间 $t_A/D=10~\mu s$ 的 8 位 ADC 芯片,为保证其量化精度,在没有采用保持器时,允许输入信号的最大频率为多少? 如采用了保持器,其保持器在 $10~\mu s$ 采样时间内的电压下降率为 $1~mV/s$,则允许输入信号的最大频率为多少?

2.10　试述 ADC0809 的结构和主要特征。

2.11　用 8 位 A/D 转换器 ADC0809 通过 8255A 与 PC 总线工业控制机接口,实现 8 路模拟量采集。请画出接口原理图,并设计出 8 路模拟量的数据采集程序。

2.12　用 12 位 A/D 转换器 AD754 通过 8255A 与 PC 总线工业控制机接口,实现模拟量采集。请画出接口电路原理图,并设计出 A/D 转换程序。

2.13　什么是采样过程、量化、孔径时间?

2.14　一个 8 位 A/D 转换器,孔径时间为 $100~\mu s$,如果要求转换误差在 A/D 转换器的转换精度(0.4%)内,求允许转换的正弦波模拟信号的最大频率是多少?

2.15　采用 DAC0832 和 PC 总线工业控制机接口,请画出接口电路原理图,并编写 D/A 转换程序。

2.16　请分别画出 D/A 转换器的单极性和双极性电压输出电路,并分别推导出输出电压与输入数字量之间的关系表达式。

2.17　以手机或 MP3 的功能为基础,设计一个实现其主要功能的键盘、显示接口电路。

2.18　以校园生活区的锅炉为原型,画出其闭环控制系统的所有过程通道、人机接口。

2.19　键盘的特点是什么? 如何确认按键按下和释放?

2.20　简述 4×4 矩阵键盘的工作原理。

2.21　DAC0832 与 CPU 有几种连接方式? 它们在硬件接口及软件程序设计方面有何不同?

2.22　设被测量温度变化范围 $0\sim1~200~℃$,如果要求误差不超过 $0.4~℃$,应选用分辨率为多少位的 A/D 转换器(设 ADC 的分辨率与精度一样)。

3 现代测控系统的数据处理及控制理论

现代测控技术是将计算机技术、控制理论、微电子技术、信息论、测量技术以及传感技术等相结合的一门综合性学科,是系统、设备、部件性能检测和故障诊断的重要手段。电子设备的性能检测与机械设备的性能检测其原理是一致的,都采用计算机或微处理器作为控制器,通过测试软件完成对性能数据的采集、变换、处理、显示或报警等操作程序,从而达到对系统性能的测试和故障诊断的目的。随着现代测控技术的飞速发展,大量高新技术和前沿性研究成果不断涌入,使计算机测控技术的功能与性能指标不断攀升。计算机测控技术在追求仪表智能化的同时,对自身的稳定性、可靠性和适应性提出了新的要求。本章分析了计算机测控系统中的滤波技术,对计算机测控技术的数学描述方法进行了探讨,并以此为基础,对数字控制器模拟化设计方法以及数字控制器离散化设计方法进行了介绍。

3.1 测控系统中的滤波技术

一般计算机测控系统中,均存在各种噪声和干扰,它们来自被测信号源本身、传感器、外界干扰等。噪声有两大类:周期性的和不规则的。周期性的如 50 Hz 的工频干扰;而不规则的噪声为随机信号。对于随机干扰,我们可以采用数字滤波方法予以削弱或滤除。所谓数字滤波,就是通过一定的计算程序或判断程序减少干扰在有用信号中的比重。数字滤波器与模拟滤波器相比,具有以下优点:

(1) 数字滤波采用程序实现,不需要增加硬设备,所以可靠性高,稳定性好。

(2) 可以对频率很低(如 0.01 Hz)的信号实现滤波,克服了模拟滤波器的缺陷。

(3) 数字滤波器可以根据信号的不同,采用不同的滤波方法或滤波参数,具有灵活、方便、功能强的特点。

数字滤波器具有上述优点,因而得到广泛的应用。数字滤波的方法有很多种,下面介绍几种常用的数字滤波方法。

1) 算术平均值滤波

算术平均值法是按输入的 N 个采样为数据 $x_i (i=1 \sim N)$,寻找这样一个 y,使 y 与各采样值之间误差的平方和为最小,即

$$E = \min\left[\sum_{i=1}^{N}(Y-x_i)^2\right] \tag{3.1}$$

由一元函数求极值原理,得:

$$Y = \frac{1}{N}\sum_{i=1}^{N}x_i \tag{3.2}$$

式中:y——N 次测量的平均值;

   x_i——第 i 次测量的测量值;

   N——测量次数。

算术平均值法简单实用,适用于对流量等一类信号的平滑。流量信号在某一个数值范围附近作上下波动,取其一个采样值显然难以作为依据。算术平均值法对周期性波动信号有良好的平滑作用,其平滑滤波程度完全取决于 N,当 N 较大时,平滑度高,但灵敏度低,即外界信号的变化对测量计算结果 y 的影响小;当 N 较小时,平滑度低,但灵敏度高。应按具体情况选取 N,例如对一般流量测量,N 可取 12,对压力测量 N 可取 4。

2)中值滤波法

中值滤波法是对某一被测参数连续采样 n 次(n 一般取奇数),然后把 n 次采样值从小到大或从大到小排序,再取中间值作为本次采样值。中值滤波能有效地克服由于偶然因素引起的被测量的波动和脉冲干扰,对温度、液位等缓慢变化的被测参数采用此方法能收到良好的滤波效果。但对压力、流量等变化剧烈的被测参数,不宜采用此法。

3)防脉冲干扰平均值法

前面介绍的两种算法各有一些缺陷。算术平均值法对周期性波动信号有良好的平滑作用,但对脉冲干扰的抑制能力较差;中值法有良好的抗脉冲干扰能力,但由于受到采样点连续采样次数的限制,阻碍了其性能的提高。在实际中往往将上述两种方法结合起来形成复合滤波算法,即先用中值滤波法滤掉采样值中的脉冲干扰,然后将剩下采样值进行算术平均。其原理可用下式表示:

若 $x_1 \leqslant x_2 \leqslant \cdots \leqslant x_n$,$3 \leqslant N \leqslant 14$,则

$$y = \frac{x_1 + x_2 + \cdots + x_{n-2}}{N-2} \tag{3.3}$$

这种滤波方法兼容了算术平均值法和中值滤波法的优点,无论是对缓变信号,还是快速变化的测量信号,都有很好的滤波效果。当采样点数为 3 时,它便是中值滤波法。

4)限幅滤波法

限幅滤波的做法是把两次相邻的采样值 $x(n)$ 与 $x(n-1)$ 相减,求出其变化量的绝对值,然后与两次采样允许的最大差值 e 进行比较,如果小于或等于 e,则保留本次采样值 $x(n)$;如果大于 e,则取上次采样值 $x(n-1)$ 作为本次采样值,即 $x(n) = x(n-1)$。也就是:当

$|x(n)-x(n-1)|>e$ 时,则 $x(n)=x(n-1)$;当 $|x(n)-x(n-1)|<e$ 时,则 $x(n)=x(n)$。

这种滤波方法主要取决于最大允许误差 e 的选择,如 e 太大,各种干扰信号将带入,使系统误差增大;如 e 太小,则有些有用信号会排除在外,使采样频率变低。因此最大偏差值 e 的选取非常重要。

5) 惯性滤波法

常用的 RC 滤波器的传递函数为:

$$\frac{y(s)}{x(s)}=\frac{1}{1+T_f s} \tag{3.4}$$

式中,$T_f=RC$,它的滤波效果取决于滤波时间常数 T_f。因此,RC 滤波器不可能对极低频率的信号进行滤波。因此,人们模仿上式做成一个惯性滤波器也称为低通滤波器。将上式写成差分方程:

$$T_f \frac{y(n)-y(n-1)}{T_s}+y(n)=x(n) \tag{3.5}$$

整理可得:

$$y(n)=\frac{T_s}{T_f+T_s}x(n)+\frac{T_f}{T_f+T_s}y(n-1)=(1-\alpha)x(n)+\alpha y(n-1) \tag{3.6}$$

式中:$\alpha=\dfrac{T_f}{T_f+T_s}$ 称为滤波系数,且 $0<\alpha<1$;

$\quad T_s$——采样周期;

$\quad T_f$——滤波器时间常数。

根据惯性滤波器的频率特性,如果滤波系数 α 越大,则带宽越窄,滤波频率也越低。因此,我们需要根据实际情况来选取合适的 α 值,使得被测参数既不出现明显的纹波,反应也不太迟缓。

3.2 测量数据预处理技术

由于数据采集系统在数据采集过程中无法避免误差的引入,因此在使用数据之前需要对采集的数据进行预处理。测量精度和可靠性是测量系统的重要指标,引入数据预处理算法可以使硬件电路难以解决的信号处理问题得到有效的解决,可以克服并弥补包括传感器在内的各个测量环节中硬件本身的缺陷或弱点,提高仪器的综合利用率。

3.2.1 误差的来源

1) 仪器仪表误差

仪器仪表误差是指仪器本身及其附件在测量过程中引入的误差,如仪器仪表本身的电气或机械性能不完善、零点偏移、非线性特性。另外,在实际测量工程中,由于测量本身性能、安装使用环境、测量方法及操作人员的疏忽等客观因素的影响,也会使得测量结果与被测量的真实值之间存在一些偏差。

2) 环境影响误差

由于各种环境因素对仪器仪表所要求的使用条件不一致所造成的误差,如温度、湿度、气压、噪声、电磁干扰等影响造成的误差。

3) 方法误差及理论误差

方法误差是由于测试方法不完善、使用近似的经验公式或试验条件不完全满足应用理论公式所要求的条件、基体或其他共存组分的干扰等引起的误差。在进行不同测试方法比对时,不同方法之间的差异也将产生误差。测量方法误差包括三个方面:测量原理误差、测量元件误差和测量条件误差。

理论误差是由于测量所依据的理论公式本身的近似性,或实验条件不能达到理论公式所规定的要求,或者是实验方法本身不完善所带来的误差。例如热学实验中没有考虑散热所导致的热量损失,伏安法测电阻时没有考虑电表内阻对实验结果的影响等。

4) 人工误差

人工误差是由于测量人员的分辨能力、视觉疲劳、固有习惯或缺乏责任心等因素引起的误差称为人工误差。如人为读错刻度、对仪器的操作和使用不当、人为计算错误等都属于人工误差。

3.2.2　测量误差的分类

1) 系统误差

系统误差又叫做规律误差。它是在一定的测量条件下,对同一个被测尺寸进行多次重复测量时,误差值的大小和符号(正值或负值)保持不变;或者在条件变化时,按一定规律变化的误差。前者称为定值系统误差,后者称为变值系统误差。系统误差是与分析过程中某些固定的原因引起的一类误差,它具有重复性、单向性、可测性。在相同的条件下,重复测定时会重复出现,使测定结果系统偏高或系统偏低,其数值大小也有一定的规律。系统误差产生的原因包括仪器仪表的原理不完善,仪器仪表本身材料、零部件、工艺存在缺陷,使用仪器仪表的方法不正确,测量人员具有不良习惯等。

2) 随机误差

随机误差也称为偶然误差和不定误差,是由于在测定过程中一系列有关因素微小的随机波动而形成的具有相互抵偿性的误差。其产生的原因是分析过程中各种不稳定随机因素的影响,如室温、相对湿度和气压等环境条件的不稳定,分析人员操作的微小差异以及仪器的不稳定等。随机误差的大小和正负都不固定,但多次测量就会发现,绝对值相同的正负随机误差出现的概率大致相等,因此它们之间常能互相抵消,所以可以通过增加平行测定的次数取平均值的办法减小随机误差。随机误差产生的原因包括仪器仪表内部某些元件的热噪声,电源电压和温度的频繁变化,电磁干扰等引起的误差。

3)疏失误差

疏失误差又称为粗大误差,是指在相同条件下,对同一被测量进行多次测量,可能有某些测量结果明显偏离了被测量的真值所形成的误差。疏失误差并非仪器仪表本身所具有的,有一部分是源于测量过程中的粗心大意造成的。另外,测量条件的突然变化,如电源电压突变、机械冲击、震动噪声等因素也会造成疏失误差的产生。

3.2.3 减小系统误差的方法

系统误差分为恒值系统误差、变值系统误差和非线性系统误差。恒值系统误差指测量系统的零点偏低或偏高,对仪表进行校验所使用的标准表存在固有误差等。变值系统误差指仪器仪表的零点和放大倍数存在漂移、温度变化而引起的误差。非线性系统误差是由于传感器及检测电路、被测量与输出量之间存在非线性关系而引起的。在测量过程中,系统误差产生的原因很多,所对应的系统误差特性也各不相同,常用的系统误差的判别方法有实验对比法、剩余误差观察法、马列可夫判据和阿卑-赫梅特判据。

系统误差无法完全消除,但是可以通过一些方法降低系统误差。

1)消除误差源

消除误差源需要对测量过程中可能产生系统误差的各个环节进行仔细分析和处理,将误差从产生根源上进行消除或减弱。

(1)参考电压、激励信号等基准信号是否准确可靠;

(2)仪器仪表运行状态是否正常;

(3)仪器仪表及传感器各部件连接是否正常;

(4)测量手段和方法是否正确,计算方法是否正确;

(5)环境条件是否有利于测量,如温度、湿度、气压等;

(6)避免人工误差的产生。

2)改进测量方法

(1)零值法

零值法又称平衡法,是指把被测量与作为计量单位的标准量进行比较,使其效应相互抵消,当两者插值为零时,被测量就等于已知的标准量。

（2）替代法

替代法又称置换法，是指先将被测量接入测量系统使其处于一定状态，然后用标准量代替被测量，并通过改变标准量的值使测量装置恢复到被测量接入时的状态。

（3）交换法

交换法又称对照法，在测量过程中将测量中的某些条件相互交换，使产生系统误差的原因对先后两次测量结果起反作用。两次测量结果做适当的数学处理，即可消除系统误差。

（4）补偿法

补偿法是指在两次测量过程中，第一次用一个标准量与被测量相加，测量仪给出一个示值。然后再去掉被测量并改变标准量，使测量仪器在新的标准量的作用下给出与第一次同样的示值，那么被测量就等于第一个标准量减去第二个标准量。

（5）微差法

微差法要求被测量与标准量相近，对标准量和被测量的差值进行测量，从而减小指示型仪器误差的影响。

3.2.4 减小随机误差的方法

随机误差具有集中性、对称性、有界性和抵偿性等特性。集中性是指大量重复测量所得的数值，均集中在其均值附近；对称性是指测量次数足够多的情况下，符号相反或绝对值相等的误差出现的概率大致相同；有界性是指绝对值很大的误差出现概率很小，在测量次数有限的情况下，误差的绝对值在一定的范围内；抵偿性是指当测量次数趋于无穷大时，误差均值的极限趋于零。

减小随机误差的方法可以借助于硬件模拟滤波器还可以利用数字滤波方法。由于数字滤波技术无需硬件，因此不存在元器件品质劣化等问题，也不受环境因素的影响，因此可靠性高。同时一些滤波特性硬件模拟滤波器很难实现，而数字滤波器则可以有效实现。另外数字滤波器方便灵活，只需改变数字滤波程序和参数就能改变滤波特性。

减小随机误差常用的数字滤波方法：

1）限幅滤波法

限幅滤波法又称为程序判别法，通过程序判断被测信号的变化幅度，从而消除缓变信号中的脉冲干扰。根据经验判断，确定两次采样允许的最大偏差值，每次检测到新值时进行以下判断：如果本次值与上次值之差小于等于允许的最大偏差值，那么本次值有效；如果本次值与上次值之差大于允许的最大偏差值，那么本次值无效，放弃本次值，用上次值代替本次值。限幅滤波法具有能有效克服因偶然因素引起的脉冲干扰等优点。

2）中值滤波法

中值滤波是对某一参数连续采样 n 次，然后把 n 次的采样值从小到大或从大到小排队，再取中间值作为本次采样值。中值滤波对于去掉偶然因素引起的波动或采样器不稳定而造成的误差所引起的脉动干扰比较有效。

3）算术平均滤波

算术平均滤波实质是把一个采样周期内的 N 次采样值相加,然后把所得的和除以采样次数 N,得到该周期的采样值。算术平均滤波适用于对压力、流量等周期脉动参数的采样值进行平滑加工,但是对脉动性干扰的平滑作用不太理想。所以不适用于脉冲性干扰比较严重的场合。

4）加权平均滤波

加权平均滤波主要是增加最新采样数据在取平均过程中的比重,以提高当前采样值的灵敏度,不同时刻的数据权值不同。越接近当前时刻的数据,权值越大。加权平均滤波法可以根据需要突出信号的某一部分来抑制信号的另一部分。

5）复合滤波法

在实际应用中,为进一步提高滤波效果,可以将两种或两种以上有不同滤波功能的数字滤波器组合起来,组成复合数字滤波器。算术平均滤波器或加权平均滤波,都只能对周期性的脉动采样值进行滑动加工,但对于随机的脉冲干扰则无法有效消除。但中值滤波却可以解决这个问题,因此可以将两者结合起来,形成多功能的复合滤波器。

3.3　线性离散系统的数学描述

计算机控制系统既可以看作采样控制系统,也可以看作时间离散控制系统。与连续控制系统类似,研究离散控制系统首先要研究离散控制系统的数学模型。在连续控制系统的数学描述中,经常使用微分方程和传递函数。但是在离散控制系统当中,通常使用差分方程和脉冲传递函数来描述系统的数学模型。

3.3.1　差分方程

1）差分方程的定义

假设线性离散控制系统的输出信号为 $y(kT)$,输入信号为 $r(kT)$,其输出与输入之间的关系可以表示为:

$$y(kT)+a_1 y(kT-T)+a_2 y(kT-2T)+\cdots+a_n y(kT-nT)$$
$$=b_0 r(kT)+b_1 r(kT-T)+b_2 r(kT-2T)+\cdots+b_m r(kT-mT) \tag{3.7}$$

如果将输出信号为 $y(kT)$ 和输入信号为 $r(kT)$ 记为 $y(k)$ 和 $r(k)$,那么式(3.7)可以写为:

$$y(k)+a_1 y(k-1)+a_2 y(k-2)+\cdots+a_n y(k-n)$$
$$=b_0 r(k)+b_1 r(k-1)+b_2 r(k-2)+\cdots+b_m r(k-m) \tag{3.8}$$

式(3.8)即为描述离散控制系统的差分方程。其中,n 为差分方程的阶次,m 为输入信号的阶次,a_i 和 b_i 为常数。

2) 差分方程的解法

（1）迭代法

迭代法是求解差分方程的基础方法,包括手算逐次代入求解或利用计算机求解。迭代法概念清楚,操作简便,但是只能得到数值解,不易得到输出序列的解析式。

根据式(3.8),一个单输入单输出线性离散控制系统的差分方程可表示为:

$$y(k) = \sum_{i=0}^{m} b_i r(k-i) - \sum_{i=1}^{n} a_i y(k-i) \tag{3.9}$$

根据式(3.9)可知,如果已知差分方程和输入序列及给定输出序列的初始值,就可以利用迭代法逐步求出所需要的输出序列。

【例 3.1】 已知差分方程,$y(k)+2y(k-1)=r(k)+r(k-1)$,且给定起始值 $y(0)=1$,$r(k)=k(k\geqslant0)$,试用迭代法求解差分方程。

解:令 $k=1,2,3,\cdots$,

把 $k=1$ 代入差分方程,得到 $y(1)=-1$;

把 $k=2$ 代入差分方程,得到 $y(2)=5$;

把 $k=3$ 代入差分方程,得到 $y(3)=-5$;

…

以此类推,迭代下去可以得到 k 为任意值的 $y(k)$。

【例 3.2】 已知一个数字系统的差分方程为:

$$y(kT)+y(kT-T)=r(kT)+2r(kT-2T).$$

当输入信号 $r(kT)=\begin{cases} k, & k\geqslant0 \\ 0, & k<0 \end{cases}$, 初始条件 $y(0)=2$,试求解差分方程。

解:令 $k=1, 2, 3, \cdots$,

当 $k=1$ 代入差分方程,得 $y(T)=-1$;

当 $k=2$ 代入差分方程,得 $y(2T)=3$;

当 $k=3$ 代入差分方程,得 $y(3T)=2$;

当 $k=4$ 代入差分方程,得 $y(4T)=6$;

…

以此类推,迭代下去就可以得到 k 为任意值的 $y(k)$。

（2）变换法

连续系统一般使用微分方程、拉普拉斯变换的传递函数和频率特性等概念进行研究。一个连续信号 $f(t)$ 的拉普拉斯变换 $F(s)$ 是复变量 s 的有理分式函数；而微分方程通过拉普拉斯变换后也可以转换为 s 的代数方程，从而可以大大简化微分方程的求解；从传递函数可以很容易地得到系统的频率特征。因此，拉普拉斯变换作为基本工具将连续系统研究中的各种方法联系在一起。计算机控制系统中的采样信号也可以进行拉普拉斯变换，从中找到了简化运算的方法，引入了 Z 变换。Z 变换的具体方法将在下一节中进行说明。

3.3.2 Z 变换

差分方程可以用来描述线性离散系统，然后通过 Z 变换，可以将差分方程转换为代数方程，建立以脉冲传递函数为基础的离散控制系统分析方法，方便分析离散控制系统的稳定性、稳态性能和动态性能。

1）Z 变换的定义

在线性连续控制系统中，连续时间函数 $f(t)$ 的拉氏变换为 $F(s)$。同样在线性离散控制系统中，也可以对采样信号 $f^*(t)$ 作拉氏变换。

设采样后的离散信号为：

$$f^*(t) = f(0)\delta(t) + f(T)\delta(t-T) + f(2T)\delta(T-2T) + \cdots$$
$$= \sum_{k=0}^{\infty} f(kT)\delta(t-kT) \tag{3.10}$$

对式（3.10）进行拉氏变换，得：

$$F^*(s) = L[f^*(t)] = \sum_{k=0}^{\infty} f(kT)e^{-kTs} \tag{3.11}$$

通过式（3.11）可以看出，$f^*(s)$ 是 s 的超越函数，求解十分困难，因此需要引入一个新的复数变量 z，其中 $z = e^{Ts}$，将其代入式（3.11）得：

$$F(z) = Z[f^*(t)] = \sum_{k=0}^{\infty} f(kT)z^{-k} \tag{3.12}$$

将式（3.12）定义为离散信号 $f^*(t)$ 的 Z 变换，通常表示为：

$$F(z) = \sum_{k=0}^{\infty} f(kT)z^{-k} = f(0) + f(T)z^{-1} + f(2T)z^{-2} + \cdots \tag{3.13}$$

Z 变换实际上是拉氏变换的特殊形式（对采样信号做拉氏变换并做 $z = e^{sT}$ 的变量置换），Z 变换又称作采样拉氏变换。$f^*(t)$ 的 Z 变换式的符号写法有多种，不管括号内写的是连续信号还是拉氏变换式，都应理解为对采样脉冲序列求 Z 变换。

2）Z 变换方法

（1）级数求和法

直接利用 Z 变换的定义，计算级数和。

【例 3. 3】 求指数函数 $f(t) = e^{-t}$ 的 Z 变换。

解： 由 Z 变换的定义，将 $f(kT) = e^{-kT}$ 代入得：

$$F(z) = Z[e^{-kT}] = \sum_{k=0}^{\infty} e^{-kT} z^{-k} = 1 + e^{-T} z^{-1} + e^{-2T} z^{-2} + \cdots$$

上式为一等比级数，当公比 $|e^{-T} z^{-1}| < 1$ 时，级数收敛，可写出和式（闭合形式）为，

$$F(z) = \frac{1}{1 - e^{-T} z^{-1}} = \frac{z}{z - e^{-T}}$$

【例 3. 4】 求单位阶跃函数 $f(t) = u(t)$ 的 Z 变换。

解： $u(t)$ 在所有采样时刻上的采样值均为 1，即

$$f(kT) = 1 \qquad (k = 0, 1, 2, \cdots)$$

故根据 Z 变换的定义，有：

$$F(z) = 1 + z^{-1} + z^{-2} + \cdots + z^{-k} + \cdots$$

在上式中，若 $|z^{-1}| < 1$，则 $F(z)$ 是收敛的，得到 $u(t)$ 的 Z 变换的闭合形式为：

$$F(z) = \frac{1}{1 - z^{-1}} = \frac{z}{z - 1}$$

（2）部分分式法

通常可以利用时域函数 $f(t)$ 或其对应的拉普拉斯变换式 $F(s)$ 查 z 变换表来求得 z 变换的表达式，对于表内查不到的较复杂的原函数，可将对应的拉普拉斯变换式 $F(s)$ 进行部分分式分解后再查表。

$F(s)$ 的一般表达式为：

$$F(s) = \frac{B(s)}{A(s)} = \frac{b_0 s^m + b_1 s^{m-1} + \cdots + b_{m-1} s + b_m}{s^n + a_1 s^{n-1} + \cdots + a_{n-1} s + a_n} \tag{3.14}$$

① 当 $A(s) = 0$ 无重根，则 $F(s)$ 可写为 n 个分式之和，即

$$F(s) = \frac{C_1}{s - s_1} + \frac{C_2}{s - s_2} + \cdots + \frac{C_i}{s - s_i} + \cdots + \frac{C_n}{s - s_n} \tag{3.15}$$

系数 C_i 可按下式求得，即

$$C_i = (s - s_i) \cdot F(s)|_{s = s_i} \tag{3.16}$$

② 当 $A(s) = 0$ 有重根，设 s_1 为 r 阶重根，s_{r+1}，s_{r+2}，s_n 为单根，则 $F(s)$ 可展成以下部分分式之和，即：

$$F(s) = \frac{C_r}{(s - s_1)^r} + \frac{C_{r-1}}{(s - s_1)^{r-1}} + \cdots + \frac{C_1}{s - s_1} + \frac{C_{r+1}}{s - s_{r+1}} + \cdots + \frac{C_n}{s - s_n} \tag{3.17}$$

式（3.17）中，C_r，C_{r+1}，$\cdots$，C_n 为单根部分分式的待定系数，而重根项待定系数的计算公式如下：

$$C_r = (s - s_1)^r F(s)|_{s = s_i}$$

$$C_{r-1} = \frac{\mathrm{d}}{\mathrm{d}s} \left[(s-s_1)^r F(s) \right] |_{s=s_i}$$

$$C_{r-j} = \frac{1}{j!} \frac{\mathrm{d}^j}{\mathrm{d}s^j} \left[(s-s_1)^r F(s) \right] |_{s=s_i}$$

$$C_1 = \frac{1}{(r-1)!} \frac{\mathrm{d}^{r-1}}{\mathrm{d}s^{r-1}} \left[(s-s_1)^r F(s) \right] |_{s=s_i} \tag{3.18}$$

【例3.5】 已知连续函数的拉氏变换 $F(s) = \dfrac{1}{s(s+1)}$，求其采样函数的 Z 变换 $F(z)$。

解: 首先对 $F(s)$ 进行部分分式分解

$$F(s) = \frac{1}{s} - \frac{1}{s+1}$$

对上式逐项取拉氏反变换，可得:

$$F(z) = Z[1(t)] - Z[\mathrm{e}^{-t}] = \frac{z}{z-1} - \frac{z}{z-\mathrm{e}^{-T}}$$

【例3.6】 已知 $F(s) = \dfrac{s+2}{s(s+1)^2(s+3)}$，求其相应采样函数的 z 变换 $F(z)$。

解: 用 $F(s)$ 直接查 Z 变换表查不到，所以必须先进行部分分式分解。该式可分解为:

$$F(s) = \frac{C_2}{(s+1)^2} + \frac{C_1}{s+1} + \frac{C_3}{s} + \frac{C_4}{s+3}$$

其中

$$C_2 = (s+1)^2 \frac{s+2}{s(s+1)^2(s+3)} |_{s=-1} = -\frac{1}{2}$$

$$C_1 = \frac{\mathrm{d}}{\mathrm{d}s} \left[(s+1)^2 \frac{s+2}{s(s+1)^2(s+3)} \right] \bigg|_{s=-1} = -\frac{3}{4}$$

$$C_3 = s(s+1)^2 \frac{s+2}{s(s+1)^2(s+3)} |_{s=0} = \frac{2}{3}$$

$$C_4 = (s+3)(s+1)^2 \frac{s+2}{s(s+1)^2(s+3)} |_{s=-3} = \frac{1}{12}$$

将常数都代入部分分式中，

$$F(s) = -\frac{1}{2} \times \frac{1}{(s+1)^2} - \frac{3}{4} \times \frac{1}{(s+1)} + \frac{2}{3} \times \frac{1}{s} + \frac{1}{12} \times \frac{1}{s+3}$$

最终可得

$$F(z) = -\frac{1}{2} \times \frac{Tz\mathrm{e}^{-T}}{(z-\mathrm{e}^{-T})^2} - \frac{3}{4} \times \frac{z}{z-\mathrm{e}^{-T}} + \frac{2}{3} \times \frac{z}{z-1} + \frac{1}{12} \times \frac{z}{z-\mathrm{e}^{-3T}}$$

$$= \frac{-2Tz\mathrm{e}^{-T} - 3z^2 + 3z\mathrm{e}^{-T}}{4(z-\mathrm{e}^{-T})^2} + \frac{2}{3} \times \frac{z}{z-1} + \frac{1}{12} \times \frac{z}{z-\mathrm{e}^{-3T}}$$

(3) 留数法

如果时间连续函数 $f(t)$ 的拉氏变换 $F(s)$ 已知，$F(s)$ 具有 N 个不同的极点，l 个重极点

（$l=1$，为单位极点），则

$$F(z) = \sum_{i=1}^{N} \left[\frac{1}{(l-1)!} \right] \frac{\mathrm{d}^{l-1}}{\mathrm{d}s^{l-1}} \left[\frac{(s+s_i)^l F(s)z}{z-\mathrm{e}^{sT}} \right] \Big|_{s=-s_i} \tag{3.19}$$

【例 3.7】　若 $F(s)$ 已知，$F(s)=\dfrac{1}{s^2}$，求 $F(z)$。

解：依题意有，$N=1, l=2, s_1=0$，

所以，

$$F(z) = \frac{1}{(2-1)!} \frac{\mathrm{d}}{\mathrm{d}s} \left[\frac{s^2 \left(\frac{1}{s^2}\right) z}{z-\mathrm{e}^{sT}} \right] \Big|_{s=0} = \frac{Tz}{(z-1)^2}$$

【例 3.8】　求 $F(s)=\dfrac{1}{(s+1)(s+2)}$ 的 Z 变换。

解：依题意有：

$N=2, l=1, s_1=-1, s_2=-2$，

因此，

$$F(z) = \frac{(s+1)}{(s+1)(s+2)} \frac{z}{z-\mathrm{e}^{sT}} \Big|_{s=-1} + \frac{(s+2)}{(s+1)(s+2)} \frac{z}{z-\mathrm{e}^{sT}} \Big|_{s=-2}$$

$$= \frac{z}{z-\mathrm{e}^{-T}} - \frac{z}{z-\mathrm{e}^{-2T}}$$

$$= \frac{z(\mathrm{e}^{-T}-\mathrm{e}^{-2T})}{(z-\mathrm{e}^{-T})(z-\mathrm{e}^{-2T})}$$

3) Z 变换的基本定理

（1）线性定理

若 $F_1(z)=Z[f_1(t)]$，$F_2(z)=Z[f_2(t)]$，则

$$Z[f_1(t) \pm f_2(t)] = F_1(z) \pm F_2(z) \tag{3.20}$$

$$Z[af(t)] = aF(z) \tag{3.21}$$

其中，a 为常数，$F(z)=Z[f(t)]$。

（2）滞后定理

设连续时间函数在 $t<0$ 时，$f(t)=0$，且 $f(t)$ 的 Z 变换为 $F(z)$，则

$$Z[f(t-kT)] = z^{-k}F(z) \tag{3.22}$$

证明：

$$Z[f(t-kT)] = \sum_{n=0}^{\infty} f(nT-kT)z^{-n}$$

$$= f(0)z^{-k} + f(T)z^{-(k+1)} + f(2T)z^{-(k+2)} + \cdots$$

$$= z^{-k}[f(0) + f(T)z^{-1} + f(2T)z^{-2} + \cdots]$$

$$= z^{-k}F(z)$$

（3）超前定理

设连续时间函数 $f(t)$ 的 Z 变换为 $F(z)$，则

$$Z[f(t+kT)] = z^k F(z) - \sum_{m=0}^{k-1} f(mT) z^{k-m} \qquad (3.23)$$

证明：

$$
\begin{aligned}
Z[f(t+kT)] &= \sum_{n=0}^{\infty} f(nT+kT) z^{-n} \\
&= f(kT) + f[(k+1)T] z^{-1} + f[(k+2)T] z^{-2} + \cdots \\
&= z^k \{ f(kT) z^{-k} + f[(k+1)T] z^{-(k+1)} + f[(k+2)T] z^{-(k+2)} + \cdots \} \\
&= z^k \sum_{m=k}^{\infty} f(mT) z^{-m} \\
&= z^k \Big[\sum_{m=0}^{\infty} f(mT) z^{-m} - \sum_{m=0}^{k-1} f(mT) z^{-m} \Big] \\
&= z^k F(z) - \sum_{m=0}^{k-1} f(mT) z^{k-m}
\end{aligned}
$$

（4）初值定理

如果函数 $f(t)$ 的 Z 变换为 $F(z)$，并且存在极限 $\lim\limits_{z \to \infty} F(z)$，则

$$f(0) = \lim_{k \to 0} f(kT) = \lim_{z \to \infty} F(z) \qquad (3.24)$$

证明：可根据 Z 变换的定义证明。

$$F(z) = \sum_{k=0}^{\infty} f(kT) z^{-k} = f(0) + f(T) z^{-1} + f(2T) z^{-2} + \cdots$$

当 z 趋于无穷时，上式的两端取极限，得

$$\lim_{z \to \infty} F(z) = f(0) = \lim_{k \to 0} f(kT)$$

（5）终值定理

假定 $f(t)$ 的 Z 变换为 $F(z)$，并假定函数 $(1-z^{-1})F(z)$ 在 Z 平面的单位圆上或圆外没有极点（收敛），则

$$
\begin{aligned}
f(\infty) &= \lim_{k \to \infty} f(kT) = \lim_{z \to 1} (1-z^{-1}) F(z) \qquad (3.25) \\
&= \lim_{z \to 1} (z-1) F(z)
\end{aligned}
$$

证明：

$$
\begin{aligned}
\lim_{z \to 1} (1-z^{-1}) F(z) &= \lim_{z \to 1} [F(z) - z^{-1} F(z)] \\
&= \lim_{z \to 1} \Big[\sum_{k=0}^{\infty} f(kT) z^{-k} - \sum_{k=0}^{\infty} f(kT-T) z^{-k} \Big] \\
&= \sum_{k=0}^{\infty} f(kT) - \sum_{k=0}^{\infty} f(kT-T)
\end{aligned}
$$

$$= \sum_{k=0}^{\infty} \left[f(kT) - f(kT - T) \right]$$

$$= f(0) - f(-T) + f(T) - f(0) + f(2T) - f(T) + \cdots$$

$$= f(\infty)$$

（6）卷积定理

设连续时间函数 $f(t)$ 和 $g(t)$ 的 Z 变换分别为 $F(z)$ 及 $G(z)$，若定义

$$\sum_{i=0}^{k} g(iT) f(kT - iT) = \sum_{i=0}^{k} g(kT - iT) f(iT) = g(kT) * f(kT) \tag{3.26}$$

则

$$Z[g(kT) * f(kT)] = G(z)F(z) \tag{3.27}$$

证明：当 $i > k$ 时，$f(kT - iT) = 0$

$$Z[g(kT) * f(kT)] = \sum_{k=0}^{\infty} \sum_{i=0}^{k} g(iT) f(kT - iT) z^{-k}$$

$$= \sum_{k=0}^{\infty} \sum_{i=0}^{\infty} g(iT) f(kT - iT) z^{-k}$$

$$= \sum_{k=0}^{\infty} f[(k - i)T] z^{-(k-i)} \sum_{i=0}^{\infty} g(iT) z^{-i}$$

$$= \sum_{k-i=0}^{\infty} f[(k - i)T] z^{-(k-i)} \sum_{i=0}^{\infty} g(iT) z^{-i}$$

$$= F(z)G(z)$$

（7）位移定理

设 a 为任意常数，连续时间函数 $f(t)$ 的 Z 变换为 $F(z)$，则

$$Z[f(t)e^{-at}] = F(z \cdot e^{aT}) \tag{3.28}$$

证明：

$$Z[f(t)e^{-at}] = \sum_{k=0}^{\infty} f(kT) e^{-akT} z^{-k}$$

$$= \sum_{k=0}^{\infty} f(kT) (e^{aT} z)^{-k}$$

$$= F(z \cdot e^{aT})$$

（8）微分定理

设连续时间函数 $f(t)$ 的 Z 变换为 $F(z)$，则

$$Z[tf(t)] = -Tz \frac{\mathrm{d}[F(z)]}{\mathrm{d}z} \tag{3.29}$$

证明：

$$\frac{\mathrm{d}[F(z)]}{\mathrm{d}z} = \frac{\mathrm{d}}{\mathrm{d}z}\Big[\sum_{k=0}^{\infty} f(kT)z^{-k}\Big] = \sum_{k=0}^{\infty} f(kT)\frac{\mathrm{d}}{\mathrm{d}z}[z^{-k}]$$

$$= \sum_{k=0}^{\infty} f(kT)(-k)z^{-k-1} = -\frac{1}{Tz}\sum_{k=0}^{\infty} f(kT)(kT)z^{-k}$$

$$= -\frac{1}{Tz}Z[tf(t)]$$

3.3.3　Z 反变换

离散控制系统中，通过 Z 变换可以求得控制系统的脉冲传递函数，然后进行分析和计算，但是在 Z 域中进行计算后得到的结果需要变换为时域中可以确定的结果，这就是 Z 反变换。

1）定义

求与 Z 变换 $F(z)$ 相对应的采样函数 $f(t)$ 的过程称为 Z 反变换，并表示成

$$Z^{-1}[F(z)] = f^*(t) \Rightarrow f(kT) \qquad (3.30)$$

2）Z 反变换的求法

（1）长除法

① 通过对 Z 变换直接作综合除法，得到按升幂排列的幂级数展开式；

② 根据 Z 变换的定义，若 Z 变换式用幂级数表示，则 z^{-k} 前的加权系数即为采样时刻的值 $f(kT)$，即

$$F(z) = f(0) + f(T)z^{-1} + \cdots + f(kT)z^{-k} + \cdots \qquad (3.31)$$

③ 根据上式可以得出对应的采样函数为：

$$f^*(t) = f(0)\delta(t) + f(T)\delta(t-T) + \cdots + f(kT)\delta(t-kT) + \cdots \qquad (3.32)$$

【**例 3.9**】　已知 $F(z) = \dfrac{11z^2 - 15z + 6}{z^3 - 4z^2 + 5z - 2}$，求 $f^*(t)$。

解： 利用长除法

$$
\begin{array}{r}
11z^{-1} + 29z^{-2} + 67z^{-3} + 145z^{-4} + \cdots \\
z^3 - 4z^2 + 5z - 2 \overline{\smash{\big)}\, 11z^2 - 15z + 6 } \\
\underline{11z^2 - 44z + 55 - 22z^{-1}} \\
29z - 49 + 22z^{-1} \\
\underline{29z - 116 + 145z^{-1} - 58z^{-2}} \\
67 - 123z^{-1} + 58z^{-2} \\
\underline{67 - 268z^{-1} + \cdots} \\
145z^{-1}
\end{array}
$$

由此得采样函数为：

$$f^*(t) = 11\delta(t-T) + 29\delta(t-2T) + 67\delta(t-3T) + 145\delta(t-4T) + \cdots$$

（2）部分分式法

若 $F(z)$ 比较复杂，首先将部分分式展开成比较简单的分式之和，简单的分式可以直接通过查表获得。

假定 $F(z)$ 的所有极点是一阶非重极点，则展开式：

$$\frac{F(z)}{z} = \sum_{i=1}^{n} \frac{A_i}{z - p_i} = \frac{A_1}{z - p_1} + \frac{A_2}{z - p_2} + \cdots + \frac{A_n}{z - p_n} \tag{3.33}$$

式中，$A_i = (z - p_i)\dfrac{F(z)}{z}\Big|_{z=p_i}$ $(i = 1, 2, \cdots, n)$。

上式两端同乘以 z 得：

$$F(z) = \frac{A_1 z}{z - p_1} + \frac{A_2 z}{z - p_2} + \cdots + \frac{A_n z}{z - p_n} \tag{3.34}$$

从 Z 变换表中查得每一项的 Z 反变换，得：

$$f(kT) = A_1 p_1^k + A_2 p_2^k + \cdots + A_n p_n^k = \sum_{i=1}^{n} A_i p_i^k \tag{3.35}$$

由此得 $F(z)$ 对应的采样函数为：

$$f^*(t) = \sum_{k=0}^{\infty} \left(\sum_{i=1}^{n} A_i p_i^k \right) \delta(t - kT) \tag{3.36}$$

【例 3.10】 设 Z 变换函数为 $F(z) = \dfrac{(1 - \mathrm{e}^{-aT})z}{(z-1)(z - \mathrm{e}^{-aT})}$，试求其 Z 反变换。

解：由于

$$\frac{F(z)}{z} = \frac{(1 - \mathrm{e}^{-aT})}{(z-1)(z - \mathrm{e}^{-aT})} = \frac{1}{z - 1} - \frac{1}{z - \mathrm{e}^{-aT}}$$

所以

$$F(z) = \frac{z}{z - 1} - \frac{z}{z - \mathrm{e}^{-aT}}$$

查 Z 变换表可知，在采样瞬时相应的信号序列为：

$$f(kT) = 1 - \mathrm{e}^{-akT}$$

故由 Z 变换的定义得：

$$f^*(t) = \sum_{k=0}^{\infty} (1 - \mathrm{e}^{-akT})\delta(t - kT)$$

（3）留数法

设已知 Z 变换函数 $F(z)$，则可证明，$F(z)$ 的 Z 反变换 $f(kT)$ 值可由下式计算：

$$f(kT) = Z^{-1}[F(z)]$$
$$= \frac{1}{2\pi j} \oint_c F(z) z^{k-1} \mathrm{d}z \tag{3.37}$$

根据柯西留数定理，上式可以表示为：

$$f(kT) = \sum_{i=1}^{n} \text{Res}[F(z)z^{k-1}]_{z=p_i} \tag{3.38}$$

其中，n 表示极点个数，p_i 表示第 i 个极点。$f(kT)$ 等于 $F(z)z^{k-1}$ 的全部极点的留数之和，即

$$\text{Res}F(z)z^{k-1}\big|_{z \to p_i} = \lim_{z \to p_i}(z - p_i)F(z)z^{k-1} \tag{3.39}$$

所以，

$$f(kT) = \sum_{i=1}^{n} \lim_{z \to p_i}(z - p_i)F(z)z^{k-1} \tag{3.40}$$

【例 3.11】 已知 $F(z) = \dfrac{z}{z^2 - 3z + 2}$，求其 Z 反变换。

解：$n = 2$，$p_1 = 1$，$p_2 = 2$，

那么，

$$
\begin{aligned}
f(kT) &= (z-1)\frac{z}{z^2 - 3z + 2}z^{k-1}\Big|_{z=1} + (z-2)\frac{z}{z^2 - 3z + 2}z^{k-1}\Big|_{z=2}\\
&= -1 + 2 \times 2^{k-1}\\
&= 2^k - 1
\end{aligned}
$$

【例 3.12】 已知 $F(z) = \dfrac{z}{(z-1)(z-2)^2}$，求其 Z 反变换。

解：$n = 3$，$p_1 = 1$，$p_2 = 2$，$l = 2$，

那么，

$$
\begin{aligned}
f(kT) &= \frac{z^k(z-1)}{(z-1)(z-2)^2}\Big|_{z=1} + \lim_{z \to 2}\frac{\mathrm{d}}{\mathrm{d}z}\frac{z^k(z-2)^2}{(z-1)(z-2)^2}\\
&= \frac{1}{(1-2)^2} + \lim_{z \to 2}\left[\frac{kz^{k-1}}{z-1} - \frac{z^k}{(z-1)^2}\right]\\
&= 1 + k \times 2^{k-1} - 2^k\\
&= 1 + (k-2) \times 2^{k-1}
\end{aligned}
$$

3.3.4 脉冲传递函数

连续控制系统和离散控制系统之间存在一定的联系，连续控制系统中，采用传递函数来描述控制系统的数学模型。同样，在离散控制系统中描述控制系统的主要数学模型是脉冲传递函数。

1）脉冲传递函数与差分方程

线性定常离散控制系统，在零初始条件下，输出序列的 Z 变换与输入序列的 Z 变换之比，称为该系统的脉冲传递函数。

$$G(z) = \frac{C(z)}{R(z)} = \frac{\sum\limits_{k=0}^{\infty} c(kT)z^{-k}}{\sum\limits_{k=0}^{\infty} r(kT)z^{-k}} \qquad (3.41)$$

零初始条件：在 $t<0$ 时，输入脉冲序列的采样值 $r(-T),r(-2T),\cdots$ 及输出脉冲序列的采样值 $c(-T),c(-2T),\cdots$ 均为零。

与连续系统一样，只取决于系统本身的结构参数，与输入信号无关。若已知离散系统的脉冲传递函数，则在零初始条件下，线性定常离散系统的输出信号为：

$$c^*(t) = Z^{-1}[C(z)] = Z^{-1}[G(z)R(z)] \qquad (3.42)$$

如果是采样系统，$r(t)$ 经采样后为 $r^*(t)$，其 Z 变换为 $R(z)$，但输出为连续信号 $c(t)$。为了用脉冲传递函数表示，可在输出端虚设一个与输入开关同步动作的采样开关，这样便得到了 $c^*(t)$ 及 $c(z)$，从而使采样系统变成了离散系统。

采样系统或离散系统既可用差分方程描述，又可用 Z 传递函数描述，因此两者之间可互相转换。

已知差分方程为：

$$c(k) + a_1 c(k-1) + a_2 c(k-2) \cdots + a_n c(k-n) = b_0 r(k) + b_1 r(k-1) + \cdots + b_m r(k-m)$$

$$(3.43)$$

设初始条件为零，上式可写成和式形式，

$$c(k) + \sum_{i=1}^{n} a_i c(k-i) = \sum_{j=0}^{m} b_j r(k-j) \qquad (3.44)$$

两端做变换，得：

$$C(z) + \sum_{i=1}^{n} a_i z^{-i} C(z) = \sum_{j=0}^{m} b_j z^{-j} R(z) \qquad (3.45)$$

由此可得系统的脉冲传递函数为：

$$G(z) = \frac{C(z)}{R(z)} = \frac{\sum\limits_{j=0}^{m} b_j z^{-j}}{1 + \sum\limits_{i=1}^{n} a_i z^{-i}} \qquad (3.46)$$

反之，若已知系统的脉冲传递函数，则可通过 Z 反变换求得相应的差分方程。

2）串联环节的脉冲传递函数

常遇到的环节串联结构有下面两种形式，如图 3.1 所示。

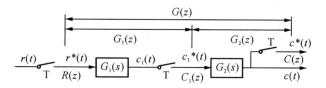

(a) 环节串联时的开环传递函数(有采样开关)

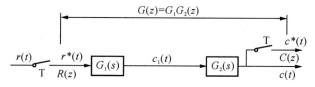

(b) 环节串联时的开环传递函数(无采样开关)

图 3.1 串联环节

(1) 连续环节之间有采样开关

图 3.1(a)中,两个串联环节之间存在采样开关,根据脉冲传递函数的定义,则可得:

$$C_1(z) = G_1(z)R(z), \ C(z) = G_2(z)C_1(z)$$

将 $C_1(z)$ 代入 $C(z)$,则可得:

$$C(z) = G_2(z)G_1(z)R(z)$$

则

$$G(z) = \frac{C(z)}{R(z)} = G_1(z)G_2(z) \tag{3.47}$$

有理想采样开关的两个线性连续环节串联时的脉冲传递函数,等于这两个环节各自的脉冲传递函数之积。如果 n 个环节串联,且它们之间均有采样开关隔开,则可得:

$$G(z) = G_1(z)G_2(z)\cdots G_n(z) = \prod_{i=1}^{n} G_i(z) \tag{3.48}$$

其中,$G_i(z) = Z[G_i(s)]$。

(2) 连续环节之间无采样开关

图 3.1(b)中,两个串联环节之间不存在采样开关,根据脉冲传递函数的定义,则可得:

$$G(s) = G_1(s)G_2(s)$$

依据定义,输出采样信号 $C(z) = G(z)R(z)$,而

$$G(z) = Z[G(s)] = Z[G_1(s)G_2(s)] = G_1G_2(z) \tag{3.49}$$

若两个连续环节之间无采样开关时,它们的等效脉冲传递函数等于两个连续环节乘积的 Z 变换。如果 n 个环节串联,且它们之间无采样开关隔开,则可得:

$$G(z) = Z[G_1(s)G_2(s)\cdots G_n(s)] = G_1G_2\cdots G_n(z) \tag{3.50}$$

两个连续环节串联之后的 Z 变换并不等于每个环节 Z 变换之积,即

$$G_1(z)G_2(z) \neq G_1G_2(z) \tag{3.51}$$

3）并联环节的脉冲传递函数

常遇到的环节并联结构有下面两种形式，如图 3.2
所示。

图 3.2 中，依据叠加原理，并联结构的脉冲传递函
数为：

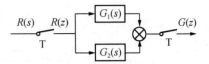

图 3.2　并联环节

$$G(z)=\frac{C(z)}{R(z)}=G_1(z)+G_2(z)=Z[G_1(s)]+Z[G_2(s)] \tag{3.52}$$

4）带有零阶保持器的脉冲传递函数

图 3.3 中，$G_h(s)$ 为零阶保持器，$G_0(s)$ 为被控对象，其脉冲传递函数为：

$$G(z)=Z\left[\frac{1-e^{-sT}}{s}G_0(s)\right]=Z\left[\frac{G_0(s)}{s}\right]-Z\left[\frac{e^{-sT}G_0(s)}{s}\right] \tag{3.53}$$

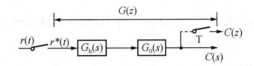

图 3.3　带有零阶保持器的脉冲传递函数

根据实数位移（延迟）定理，上式又可简化为：

$$G(z)=Z\left[\frac{G_0(s)}{s}\right]-z^{-1}Z\left[\frac{G_0(s)}{s}\right]=(1-z^{-1})Z\left[\frac{G_0(s)}{s}\right] \tag{3.54}$$

5）闭环脉冲传递函数

在离散控制系统中，即使闭环传递函
数结构相同，由于采用开关的位置不同，
得到的闭环脉冲传递函数也是不同的，即
闭环脉冲传递函数无法由开环脉冲传递
函数确定。

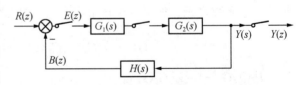

图 3.4　离散闭环控制系统框图

典型的离散控制系统框图如图 3.4 所示。

由图 3.4 可知：

$$E(z)=R(z)-B(z)$$

$$B(z)=Z[H(s)Y(s)]=Z[H(s)G_2(s)G_1(z)E(z)]=G_2H(z)G_1(z)E(z)$$

所以

$$E(z)=R(z)-B(z)=R(z)-G_2H(z)G_1(z)E(z)$$

可以得到离散系统闭环脉冲传递函数 $\Phi(z)$

$$\Phi(z)=\frac{Y(z)}{R(z)}=\frac{G_1(z)G_2(z)E(z)}{[1+G_1(z)G_2H(z)]E(z)}=\frac{G_1(z)G_2(z)}{1+G_1(z)G_2H(z)} \tag{3.55}$$

离散控制系统的闭环脉冲传递函数的求法和连续控制系统的闭环传递函数的求法类似,求系统中的前向通道和反馈通道的脉冲传递函数的时候,要使用独立环节的脉冲传递函数(见表 3.1)。

表 3.1 常用离散控制系统的结构图及输出表达式

结构图	$C(z)$
	$C(z)=\dfrac{R(z)G(z)}{1+GH(z)}$
	$C(z)=\dfrac{RG(z)}{1+GH(z)}$
	$C(z)=\dfrac{G(z)R(z)}{1+G(z)H(z)}$
	$C(z)=\dfrac{RG_1(z)G_2(z)}{1+G_1G_2H(z)}$
	$C(z)=\dfrac{R(z)G_1(z)G_2(z)}{1+G_1(z)G_2H(z)}$
	$C(z)=\dfrac{R(z)G(z)}{1+G(z)H(z)}$
	$C(z)=\dfrac{RG_1(z)G_2(z)G_3(z)}{1+G_1G_3H(z)G_2(z)}$
	$C(z)=\dfrac{RG_1(z)G_2(z)}{1+G_1H(z)G_2(z)}$

6）扰动作用下系统的离散输出

一般的离散控制系统中除了参考输入信号外，通常还存在扰动信号的作用。带有扰动的系统结构框图如图 3.5 所示。

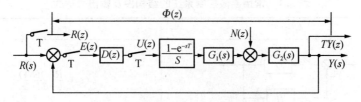

图 3.5　干扰作用下的计算机控制系统

根据线性系统的叠加原理，可分别计算输入信号 $R(s)$ 和干扰信号 $N(s)$ 作用下的输出响应：

（1）$R(s)$ 单独作用时的输出响应（令 $N(s)=0$）

$$Y_R(z)=\frac{R(z)D(z)G(z)}{1+D(z)G(z)} \tag{3.56}$$

其中，

$$G(z)=Z\left[\frac{1-\mathrm{e}^{-sT}}{s}G_1(s)G_2(s)\right]=(1-z^{-1})Z\left[\frac{G_1(s)G_2(s)}{s}\right]$$

（2）干扰 $N(s)$ 单独作用时的输出响应（令 $R(s)=0$）

由于干扰 $N(s)$ 直接作用于 $G_2(s)$ 之前，中间无采样开关，因此，无法写出 $N(s)$ 与输出 $Y_N(s)$ 之间的脉冲传递函数，而只能求出在 $N(s)$ 作用下 $Y_N(z)$ 的大小，即

$$Y_N(z)=\frac{NG_2(z)}{1+D(z)G(z)} \tag{3.57}$$

（3）系统总的输出为：

$$Y(z)=Y_R(z)+Y_N(z)=\frac{D(z)G(z)R(z)+NG_2(z)}{1+D(z)G(z)} \tag{3.58}$$

$R(s)$ 和 $N(s)$ 作用点不同，产生的输出响应也不同，但它们的分母相同，因而闭环系统的特征多项式是不变的。

3.3.5　计算机测控系统的稳定性分析

由于 Z 变换是基于拉氏变换的，$z=\mathrm{e}^{Ts}$，而连续控制系统是否稳定与其极点在 S 平面的分布有直接关系。那么 Z 平面和 S 平面之间有什么样的关系呢？

1）S 平面和 Z 平面的映射关系

因为 $z=\mathrm{e}^{Ts}$，s 和 z 都是复数变量，T 为采样周期。设 $s=\sigma+\mathrm{j}\omega$，$\sigma$ 是 s 的实部，ω 是 s 的虚部，则

$$z=\mathrm{e}^{(\sigma+\mathrm{j}\omega)T}=\mathrm{e}^{\sigma T}\,\mathrm{e}^{\mathrm{j}\omega T}=\mathrm{e}^{\sigma T}\underline{/\omega T} \tag{3.59}$$

因为

$$\mathrm{e}^{\mathrm{j}\omega T}=\cos\omega T+\mathrm{j}\sin\omega T \tag{3.60}$$

则有:

$$z=\mathrm{e}^{(\sigma+\mathrm{j}\omega)T}=\mathrm{e}^{\sigma T}\,\mathrm{e}^{\mathrm{j}\omega T}=\mathrm{e}^{\sigma T}\,\mathrm{e}^{\mathrm{j}(\omega T+2k\pi)}=\mathrm{e}^{\sigma T}\underline{/(\omega T+2k\pi)} \tag{3.61}$$

复变量 z 的模及相角与复变量 s 的实部和虚部的关系:

$$\begin{cases} R=|z|=\mathrm{e}^{\sigma T} \\ \theta=\angle z=\omega T \end{cases} \tag{3.62}$$

式中,z 的模是 $|z|=\mathrm{e}^{\sigma T}$;$z$ 的相角为 ωT。

当 $\sigma=0$ 时,$|z|=1$,即 S 平面上的虚轴映射到 Z 平面上是以原点为圆心的单位圆周;

当 $\sigma<0$ 时,$|z|<1$,即 S 平面的左半平面映射到 Z 平面上是以原点为圆心的单位圆内;

当 $\sigma>0$ 时,$|z|>1$,即 S 平面的左半平面映射到 Z 平面上是以原点为圆心的单位圆外。

S 平面和 Z 平面之间的映射关系,如图 3.6、表 3.2 所示。

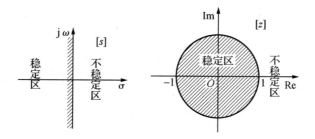

图 3.6 S 平面和 Z 平面的映射关系

表 3.2 S 平面和 Z 平面的映射关系

项　目	$s=\sigma+\mathrm{j}\omega$		几何位置	$z=R\angle\theta$	
几何位置	σ	ω	几何位置	$R=\mathrm{e}^{\sigma T}$	$\theta=\omega T$
虚轴	$=0$	任意值	单位圆周	$=1$	任意值
左半平面	<0	任意值	单位圆内	<1	任意值
右半平面	>0	任意值	单位圆外	>1	任意值

角频率 ω 与 z 平面相角 θ 关系:

$$\theta=\omega T+2k\pi=\left(\omega+k\,\frac{2\pi}{T}\right)T=(\omega+k\omega_s)T \tag{3.63}$$

S 平面上频率相差采样频率整数倍的所有点,映射到 Z 平面上同一点;每当 ω 变化一个 ω_s 时,Z 平面相角 θ 变化 2π,即转了 1 周;若 ω 在 S 平面虚轴上从 $-\infty$ 变化到 $+\infty$ 时,Z 平面上相角将转无穷多圈(见表 3.3)。

表 3.3　角频率 ω 与 Z 平面相角 θ 关系

ω	$-\infty$	$\cdots$	$-2\omega_s$	$-\omega_s$	$-\dfrac{\omega_s}{2}$	0	$\dfrac{\omega_s}{2}$	ω_s	$2\omega_s$	$\cdots$	$+\infty$
θ	$-\infty$	$\cdots$	-4π	-2π	$-\pi$	0	π	2π	4π	$\cdots$	$+\infty$

z 的相角为 $\arg z = \omega T = 2\pi/\omega_s$。当虚轴上的点由 $\omega = -\omega_s/2$ 移动到 $\omega = \omega_s/2$ 时，其在 Z 平面上的映射为 $|z| = 1$，相角从 $-\pi$ 逆时针变化到 π，恰好是一个单位圆周。当虚轴上点由 $\omega = \omega_s/2$ 移动到 $\omega = 3\omega_s/2$ 时，其在 Z 平面上又以逆时针方向沿着单位圆走了一周。所以，z 是采样频率 ω_s 的周期函数，当 S 平面上的 σ 不变，角频率 ω 由 0 变化到无穷大时，z 的模不变，只是相角作周期性变化。

$\omega = -\omega_s/2 \sim \omega_s/2$ 为主频区，其余部分为辅频区。S 平面上的主带与旁带如图 3.7 所示，同时 S 平面主带的映射如图 3.8 所示。

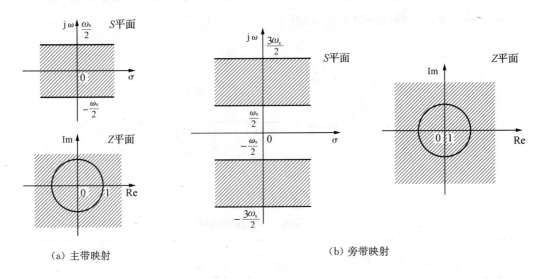

（a）主带映射　　　　　　　　　　　　　　（b）旁带映射

图 3.7　S 平面的主带与旁带

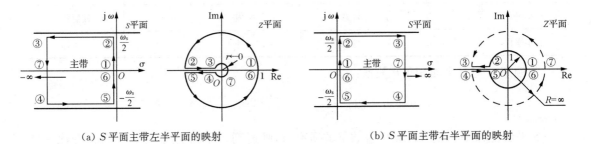

（a）S 平面主带左半平面的映射　　　　　　　（b）S 平面主带右半平面的映射

图 3.8　S 平面主带的映射

2）离散控制系统稳定判据

连续控制系统中，劳斯稳定判据是常用的判断系统稳定的一种代数判据，其判断方法简单，因此被广泛应用。由于离散系统的 Z 平面和连续系统的 S 平面存在一定的映射关系，因此可以利用一种新的变换来验证 S 平面中的劳斯稳定判据。根据 Z 平面和 S 平面之间的映射关系，寻求一种新的变换，即 W 变换。

W 变换公式为：

$$\begin{cases} z=\dfrac{w+1}{w-1} \\ w=\dfrac{z+1}{z-1} \end{cases} 或 \begin{cases} z=\dfrac{1+w}{1-w} \\ w=\dfrac{z-1}{z+1} \end{cases} 或 \begin{cases} z=\dfrac{1+\dfrac{T}{2}w}{1-\dfrac{T}{2}w} \\ w=\dfrac{2}{T}\dfrac{z-1}{z+1} \end{cases}$$

令 $z=x+\mathrm{j}y$，$w=u+\mathrm{j}v$，

那么，

$$\begin{aligned} w&=\frac{z+1}{z-1}=\frac{x+1+\mathrm{j}y}{x-1+\mathrm{j}y} \\ &=\frac{x^2-1+y^2-\mathrm{j}2y}{(x-1)^2+y^2}=u+\mathrm{j}v \end{aligned} \tag{3.64}$$

所以，当 $|z|^2=x^2+y^2>1$ 时，w 的实部为正，即 Z 平面上单位圆外的部分，映射到 W 平面的右半平面；当 $|z|^2=x^2+y^2<1$ 时，w 的实部为负，即 Z 平面上单位圆内的部分，映射到 W 平面的左半平面；$|z|^2=x^2+y^2=1$ 时，w 的实部为 0，即 Z 平面上单位圆上的部分，映射到 W 平面的虚轴。

如果将离散控制系统的特征方程通过 W 变换，变换为 W 平面中的特征方程，那么就可以应用劳斯稳定判据。如果变换后的 W 平面内的特征方程的根都在 W 平面的左半平面，那么此离散控制系统就是稳定的，否则就不稳定。

设离散控制系统的特征方程为：

$$A_n z^n+A_{n-1} z^{n-1}+A_{n-2} z^{n-2}+\cdots+A_1 z+A_0=0 \tag{3.65}$$

经过 W 变换，可以得到相应的代数方程：

$$a_n w^n+a_{n-1} w^{n-1}+a_{n-2} w^{n-2}+\cdots+a_1 w+a_0=0 \tag{3.66}$$

变换后得到的特征方程可以直接应用劳斯稳定判据。

劳斯稳定判据内容为：

（1）特征方程 $a_n w^n+a_{n-1} w^{n-1}+a_{n-2} w^{n-2}+\cdots+a_1 w+a_0=0$，若其系数的符号不相同，则系统不稳定。

（2）若特征方程的系数符号相同，建立劳斯表：

$$
\begin{array}{cccccc}
w^n & a_n & a_{n-2} & a_{n-4} & a_{n-6} & \cdots \\
w^{n-1} & a_{n-1} & a_{n-3} & a_{n-5} & a_{n-7} & \cdots \\
w^{n-2} & b_1 & b_2 & b_3 & b_4 & \cdots \\
w^{n-3} & c_1 & c_2 & c_3 & c_4 & \cdots \\
w^{n-4} & d_1 & d_2 & d_3 & d_4 & \cdots \\
\vdots & \vdots & \vdots & \vdots & \vdots & \cdots
\end{array}
$$

$$
b_1 = \frac{-1}{a_{n-1}} \begin{vmatrix} a_n & a_{n-2} \\ a_{n-1} & a_{n-3} \end{vmatrix} \quad
b_2 = \frac{-1}{a_{n-1}} \begin{vmatrix} a_n & a_{n-4} \\ a_{n-1} & a_{n-5} \end{vmatrix} \quad
b_3 = \frac{-1}{a_{n-1}} \begin{vmatrix} a_n & a_{n-6} \\ a_{n-1} & a_{n-7} \end{vmatrix} \quad \cdots
$$

$$
c_1 = \frac{-1}{b_1} \begin{vmatrix} a_{n-1} & a_{n-3} \\ b_1 & b_2 \end{vmatrix} \quad
c_2 = \frac{-1}{b_1} \begin{vmatrix} a_{n-1} & a_{n-5} \\ b_1 & b_3 \end{vmatrix} \quad
c_3 = \frac{-1}{b_1} \begin{vmatrix} a_{n-1} & a_{n-7} \\ b_1 & b_4 \end{vmatrix} \quad \cdots
$$

$$
d_1 = \frac{-1}{c_1} \begin{vmatrix} b_1 & b_2 \\ c_1 & c_2 \end{vmatrix} \quad
d_2 = \frac{-1}{c_1} \begin{vmatrix} b_1 & b_3 \\ c_1 & c_3 \end{vmatrix} \quad
d_3 = \frac{-1}{c_1} \begin{vmatrix} b_1 & b_4 \\ c_1 & c_4 \end{vmatrix} \quad \cdots
$$

$$
\cdots \quad\quad \cdots \quad\quad \cdots \quad\quad \cdots
$$

（3）若劳斯表第一列各元素均为正，则所有特征根均分布在左半平面，系统稳定。

（4）若劳斯表第一列出现负数，系统不稳定，第一列元素符号变化的次数为右半平面上特征根的个数。

【例 3.13】 已知离散系统特征方程 $D(z) = 45z^3 - 117z^2 + 119z - 39 = 0$，判定系统稳定性。

解：因为 $z = \dfrac{w+1}{w-1}$，

所以 $D(z) = 45\left(\dfrac{w+1}{w-1}\right)^3 - 117\left(\dfrac{w+1}{w-1}\right)^2 + 119\left(\dfrac{w+1}{w-1}\right) - 39 = 0$

那么，$D(w) = 45(w+1)^3 - 117(w+1)^2(w-1) + 119(w+1)(w-1)^2 - 39(w-1)^3 = 0$
经过化简，得：

$$
D(w) = w^3 + 2w^2 + 2w + 40 = 0
$$

劳斯表为：

$$
\begin{array}{ccc}
w^3 & 1 & 2 \\
w^2 & 2 & 40 \\
w^1 & -18 & 0 \\
w^0 & 40 & 0
\end{array}
$$

由于劳斯表中第一列出现负数，因此系统不稳定。

【例 3.14】 如图 3.9 中所示控制系统，当采用周期 $T = 1\,\mathrm{s}$ 时，求使控制系统稳定的 K 的范围。

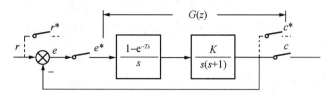

图 3.9　例 3.14 用图

解：控制系统的开环脉冲传递函数为：

$$G(z) = Z\left[\frac{1-e^{-Ts}}{s} \frac{K}{s(s+1)}\right] = (1-z^{-1})K \cdot Z\left[\frac{1}{s^2(s+1)}\right]$$

$$= \frac{(z-1)K}{z}\left[\frac{Tz}{(z-1)^2} - \frac{z}{z-1} + \frac{z}{z-e^{-T}}\right] = \frac{(z-1)K}{z} Z\left[\frac{1}{s^2} - \frac{1}{s} + \frac{1}{s+1}\right]$$

$$= K\left[\frac{(T-1+e^{-T})z+(1-e^{-T}-Te^{-T})}{(z-1)(z-e^{-T})}\right]^{T=1} = \frac{0.368K(z+0.718)}{(z-1)(z-0.368)}$$

那么系统的闭环脉冲传递函数为：

$$\Phi(z) = \frac{G(z)}{1+G(z)} = \frac{0.368K(z+0.718)}{z^2+(0.368K-1.368)z+(0.264K+0.368)}$$

系统的特征方程为：

$$D(z) = z^2+(0.368K-1.368)z+(0.264K+0.368) = 0$$

将 $z = \dfrac{w+1}{w-1}$ 代入系统的特征方程，得：

$$D(z) = \left(\frac{w+1}{w-1}\right)^2+(0.368K-1.368)\left(\frac{w+1}{w-1}\right)+(0.264K+0.368) = 0$$

即

$$(w+1)^2+(0.368K-1.368)(w+1)(w-1)+(0.264K+0.368)(w-1)^2 = 0$$

那么有：

$$D(w) = 0.632Kw^2+(1.264-0.528K)w+(2.736-0.104K) = 0$$

劳斯表为：

w^2	$0.632K$	$2.736-0.104K$
w^1	$1.264-0.528K$	0
w^0	$2.736-0.104K$	0

如果系统稳定，劳斯表中第一列各元素必须为正，所以

$$\begin{cases} 0.632K>0, \\ 1.264-0.528K>0, \\ 2.736-0.104K>0, \end{cases} \quad 得： \begin{cases} K<26.3, \\ K<2.394, \\ K>0。 \end{cases}$$

因此，系统稳定的 K 的范围是 $0<K<2.394$。

3）离散控制系统稳态误差分析

连续控制系统中，衡量控制系统精度的一个重要指标就是系统的稳态误差，并且稳态误

差的计算与输入信号的形式和系统的类型有关。同样,稳态误差也是衡量离散控制系统的一个重要指标,离散控制系统的稳态误差的大小与系统的类型、开环放大系数和输入信号的形式有关。

对于一个离散控制系统,如图 3.10 所示。

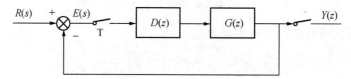

图 3.10 典型离散控制系统

当 $R(s)$ 给定,离散控制系统的误差脉冲传递函数为:

$$E(z)=R(z)-Y(z)=\Phi_e(z)R(z)=\frac{1}{1+D(z)G(z)}R(z) \tag{3.67}$$

$$\Phi_e(z)=\frac{E(z)}{R(z)}=\frac{1}{1+D(z)G(z)} \tag{3.68}$$

那么,系统的稳态误差为:

$$e_{ss}^*=\lim_{z\to1}(z-1)E(z)=\lim_{z\to1}(z-1)\frac{1}{1+D(z)G(z)}R(z) \tag{3.69}$$

可以看出,系统的稳态误差不仅与系统的结构有关,还与系统的输入信号有关。下面将讨论几种典型输入信号作用下的稳态误差。

(1) 单位阶跃输入信号作用

单位阶跃信号的 Z 变换为,$R(z)=\dfrac{z}{z-1}$,稳态误差为:

$$\begin{aligned}
e_{ss}^*=e(\infty)&=\lim_{z\to1}(z-1)E(z)\\
&=\lim_{z\to1}(z-1)\frac{1}{1+D(z)G(z)}\frac{z}{(z-1)}\\
&=\lim_{z\to1}\frac{1}{1+D(z)G(z)}\\
&=\frac{1}{1+\lim_{z\to1}D(z)G(z)}\\
&=\frac{1}{1+K_s}
\end{aligned} \tag{3.70}$$

其中,$K_s=\lim_{z\to1}D(z)G(z)$ 称为稳态位置误差系数。

对"0"型系统,$D(z)G(z)$ 在 $z=1$ 处无极点,K_s 为有限值;

对"Ⅰ"型系统,$D(z)G(z)$ 在 $z=1$ 处有 1 个极点,$K_s=\infty$,$e_{ss}=0$。

(2) 单位速度输入信号作用

单位速度信号的 Z 变换为，$R(z)=\dfrac{Tz}{(z-1)^2}$，稳态误差为：

$$e_{ss}^* = e(\infty) = \lim_{z \to 1}(z-1)E(z)$$

$$= \lim_{z \to 1}(z-1)\frac{1}{1+D(z)G(z)}\frac{Tz}{(z-1)^2}$$

$$= \lim_{z \to 1}\frac{T}{(z-1)+(z-1)D(z)G(z)}$$

$$= \frac{1}{\dfrac{1}{T}\lim_{z \to 1}(z-1)D(z)G(z)}$$

$$= \frac{1}{K_v} \tag{3.71}$$

其中，$K_v = \dfrac{1}{T}\lim_{z \to 1}(z-1)D(z)G(z)$ 称为稳态速度误差系数。

对"0"型系统，$D(z)G(z)$ 在 $z=1$ 处无极点，$K_v=0$，$e_{ss}=\infty$；

对"Ⅰ"型系统，$D(z)G(z)$ 在 $z=1$ 处有 1 个极点，$K_v=$常值，$e_{ss}=1/K_v$；

对"Ⅱ"型系统，$D(z)G(z)$ 在 $z=1$ 处有 2 个极点，$K_v=\infty$，$e_{ss}=0$。

(3) 单位加速度输入信号作用(见表 3.4、表 3.5)

表 3.4　离散及连续系统稳态误差系数

误差系数	连续系统	离散系统
K_s	$\lim\limits_{s \to 0}D(s)G(s)$	$\lim\limits_{z \to 1}D(z)G(z)$
K_v	$\lim\limits_{s \to 0}sD(s)G(s)$	$\dfrac{1}{T}\lim\limits_{z \to 1}(z-1)D(z)G(z)$
K_a	$\lim\limits_{s \to 0}s^2D(s)G(s)$	$\dfrac{1}{T^2}\lim\limits_{z \to 1}(z-1)^2D(z)G(z)$

单位速度信号的 Z 变换为，$R(z)=\dfrac{T^2z(z+1)}{2(z-1)^3}$，稳态误差为：

$$e_{ss}^* = e(\infty) = \lim_{z \to 1}(z-1)E(z)$$

$$= \lim_{z \to 1}(z-1)\frac{1}{1+D(z)G(z)}\frac{T^2z(z+1)}{2(z-1)^3}$$

$$= \frac{1}{\dfrac{1}{T^2}\lim_{z \to 1}(z-1)^2D(z)G(z)}$$

$$= \frac{1}{K_a} \tag{3.72}$$

其中，$K_a = \dfrac{1}{T^2}\lim\limits_{z \to 1}(z-1)^2 D(z)G(z)$ 称为稳态加速度误差系数。

对"0"型系统，$D(z)G(z)$ 在 $z=1$ 处无极点，$K_a=0$，$e_{ss}=\infty$；

对"Ⅰ"型系统，$D(z)G(z)$ 在 $z=1$ 处有 1 个极点，$K_a=0$，$e_{ss}=\infty$；

对"Ⅱ"型系统，$D(z)G(z)$ 在 $z=1$ 处有 2 个极点，$K_a=$常值，$e_{ss}=1/K_a$。

表 3.5　离散系统稳态误差

e_{ss}^*	$r(t)=1$	$r(t)=t$	$r(t)=\dfrac{1}{2}t^2$
0 型系统	$1/(1+K_s)$	∞	∞
Ⅰ 型系统	0	$1/K_v$	∞
Ⅱ 型系统	0	0	$1/K_a$

【例 3.15】　如图 3.11 所示的离散控制系统，采样周期 $T=1$ s，当输入信号为单位阶跃、单位速度、单位加速度时，求系统的稳态误差。

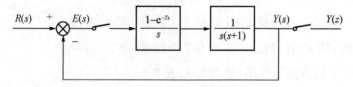

图 3.11　例 3.15 用图

解：离散控制系统其开环脉冲传递函数为：

$$G(z)=Z\left[\frac{1-\mathrm{e}^{-Ts}}{s}\frac{1}{s(s+1)}\right]=(1-z^{-1})Z\left[\frac{1}{s^2(s+1)}\right]$$

$$=(1-z^{-1})\left[\frac{Tz}{(z-1)^2}-\frac{z}{z-1}+\frac{z}{z-\mathrm{e}^{-T}}\right]=(1-z^{-1})Z\left[\frac{1}{s^2}-\frac{1}{s}+\frac{1}{s+1}\right]$$

$$=\frac{0.368z+0.264}{(z-1)(z-0.368)}$$

闭环脉冲传递函数为：

$$\Phi(z)=\frac{G(z)}{1+G(z)}=\frac{0.368z+0.264}{z^2-z+0.632}$$

系统的误差脉冲传递函数为：

$$\Phi_e(z)=1-\Phi(z)=\frac{z^2-1.368z+0.368}{z^2-z+0.632}$$

误差信号的 Z 变换为：

$$E(z)=\Phi_e(z)R(z)=\frac{z^2-1.368z+0.368}{z^2-z+0.632}R(z)$$

当输入信号为单位阶跃信号时,稳态误差为:

$$e_{ss}^* = e(\infty) = \lim_{z \to 1}(z-1)E(z)$$

$$= \lim_{z \to 1}(z-1)\frac{z^2-1.368z+0.368}{z^2-z+0.632}\frac{z}{(z-1)} = 0$$

当输入信号为单位速度信号时,稳态误差为:

$$e_{ss}^* = e(\infty) = \lim_{z \to 1}(z-1)E(z)$$

$$= \lim_{z \to 1}(z-1)\frac{z^2-1.368z+0.368}{z^2-z+0.632}\frac{z}{(z-1)^2} = 1$$

当输入信号为单位加速度信号时,稳态误差为:

$$e_{ss}^* = e(\infty) = \lim_{z \to 1}(z-1)E(z)$$

$$= \lim_{z \to 1}(z-1)\frac{z^2-1.368z+0.368}{z^2-z+0.632} \times \frac{z(z+1)}{2(z-1)^3} = \infty$$

3.4　数字控制器模拟化设计

计算机测控系统中,既有数字信号也有连续信号,是数字模拟混合系统。如果采样周期足够小并且计算机转换及运算字长足够大,那么在时间上的离散化效应和幅值上的量化效应可以忽略,此时的计算机测控系统就可以看成是一个连续系统,可以用连续系统的分析和设计方法来研究计算机测控系统的问题;但如果采样周期比较大,且量化效应又不能忽略,那么只能采用直接离散化设计方法来研究计算机测控系统的问题。因此,计算机测控系统控制器的设计方法主要有两种:一种是基于连续系统设计方法的模拟化设计方法;另一种是基于离散系统设计方法的直接数字化设计方法。

3.4.1　模拟控制器的数字化处理

数字控制器的模拟化设计方法就是将计算机测控系统看作一个连续系统,先采用连续系统设计方法设计出模拟控制器,使模拟控制系统满足性能指标要求。然后采样离散化的方法将设计好的模拟控制器离散化成为数字控制器,最好构成数字控制系统。

直接数字化设计方法首先将系统中被控对象加上保持器一起构成的部分进行广义对象离散化,得到相应的以脉冲传递函数、差分方程或离散系统状态方程表示的离散系统模型,然后利用离散控制系统理论,直接设计数字控制器。直接数字化设计方法直接在离散系统的范畴内进行,避免了由模拟控制器向数字控制器转化,避免了采样周期对系统动态性能的影响,因此是目前广泛采用的计算机测控系统设计方法。

数字控制器的模拟化设计步骤:

1）设计假想的模拟控制器

根据给定被控对象的特性及设计要求的性能指标，采用根轨迹法、频率特性法等连续系统的设计方法，设计出模拟控制器 $D(s)$。

2）选择合适的采样周期

将 $D(s)$ 离散化后得到 $D(z)$，其控制性能和 $D(s)$ 不同，因为离散化过程必然引入误差，并且该误差和采样周期有关。为了在离散化过程中不造成过大误差，要求采样周期尽可能短，即采取模拟化设计方法时采样周期要尽可能小。

3）模拟控制器 $D(s)$ 的离散化

根据选定的采样周期，选择合理的离散化方法将模拟控制器 $D(s)$ 离散化为数字控制器 $D(z)$，进而获得便于计算机编程的差分方程。将模拟控制器离散化的方法很多，如双线性变换法、前向差分法、后向差分法、冲激响应不变法和零极点匹配法等。

4）计算机仿真校验系统性能是否符合要求

利用计算机仿真软件，对所设计的数字控制器进行校验，若其闭环特性满足系统设计要求，则设计过程结束，进行下一个步骤；否则，修改控制器参数，直到满足要求为止。

5）数字控制器的计算机实现

对于计算机测控系统来说，数字控制器都是由软件来实现的，即用计算机编制算法程序以实现数字控制器的控制规律，要想用计算机实现，必须变换成便于计算机编程的差分方程的形式。

3.4.2　模拟 PID 控制器及其作用

PID，即：Proportional（比例）、Integral（积分）、Differential（微分）的缩写，主要用于对偏差信号按比例、积分和微分进行控制。PID 调节在连续系统中技术最成熟、应用最广泛，该控制算法出现于 20 世纪 30 年代至 40 年代，适用于对被控对象模型了解不清楚的场合。它具有易于实现、易于被操作者熟悉和掌握、不需要求出被控对象的数学模型、控制效果好等特点。PID 控制器结构灵活，不仅可以用常规的 PID 调节规律，而且可以根据系统要求，采用各种 PID 的变型，如 PI、PD 控制及改进的 PID 控制等。PID 控制的实质是根据输入的偏差值，按照比例、积分、微分的函数关系进行运算，运算结果用以控制输出。

在工业过程中，PID 控制器是一种线性控制器，它将给定值与被控量的偏差的比例、积分和微分进行线性组合，形成控制量输出，如图 3.12 所示。

图中：K_p——比例增益；

T_i——积分时间常数；

T_d——微分时间常数；

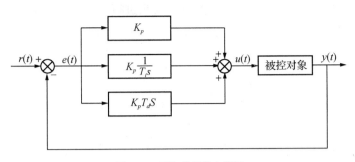

图 3.12　PID 控制器方框图

$u(t)$——PID 控制器的输出信号；

$e(t)$——给定值与被控量的偏差。

因此,图 3.10 中所示 PID 控制系统,连续控制系统的理想 PID 控制规律为:

$$u(t) = K_p\left[e(t) + \frac{1}{T_i}\int_0^t e(t)\mathrm{d}t + T_D\frac{\mathrm{d}e(t)}{\mathrm{d}t}\right] \tag{3.73}$$

对式(3.73)进行拉氏变换,得:

$$
\begin{aligned}
D(s) &= \frac{U(s)}{E(s)} \\
&= K_p\left(1 + \frac{1}{T_i s} + T_d s\right)
\end{aligned}
\tag{3.74}
$$

PID 控制器由三部分组成:比例控制,积分控制和微分控制。比例调节器对于偏差是即时反应,偏差一旦产生,调节器立即产生控制作用使被控量朝着减小偏差的方向变化,控制作用的强弱取决于比例系数。只有当偏差发生变化时,控制量才变化。但是比例控制不能完全消除无积分器对象的稳态误差,K_p 过大会使动态质量变坏,引起被控量振荡甚至导致闭环不稳定。积分调节器的输出与偏差存在的时间有关。只要偏差不为零,输出就会随时间不断增加,并减小偏差,直至消除偏差,控制作用不再变化,系统才能达到稳态。积分控制是靠对偏差的积累进行控制的,控制作用缓慢,如果积分作用太强会使系统超调量增大,使系统出现振荡。微分控制是在偏差出现或变化的瞬间,产生一个正比于偏差变化率的控制作用,它总是反对偏差向任何方向的变化,偏差变化越快,反对作用越强。故微分作用的加入将有助于减小超调,克服振荡,使系统趋于稳定。它加快了系统的动作速度,减小调整时间,从而改善了系统的动态性能。

在实际使用中要根据对象的特性和系统性能的要求对 PID 控制器进行调整。常用的调整方法有比例控制、比例积分控制、比例微分控制、比例积分微分控制。

按照计算机测控系统模拟化设计方法,为了便于用计算机实现连续系统中的模拟 PID 控制规律,必须将模拟 PID 算式进行离散化处理,变为数字 PID 控制器,即将微分方程式变为差分方程式。对式(3.73)进行离散化处理,用数字形式的差分方程代替连续系统的微分

方程。那么,积分项和微分项可以用求和及增量式来进行表示:

$$\left.\begin{aligned}
u(t) &\approx u(k) \\
e(t) &\approx e(k) \\
\int_0^t e(t)\mathrm{d}t &\approx \sum_{j=0}^k Te(\mathrm{j}) \\
\frac{\mathrm{d}e(t)}{\mathrm{d}t} &\approx \frac{e(k)-e(k-1)}{T}
\end{aligned}\right\} \tag{3.75}$$

式中,T 为采样周期。

根据式(3.73)和式(3.75)可以求出对应的差分方程:

$$u(k)=K_p\Big[e(k)+\frac{T}{T_i}\sum_{j=0}^k e(j)+T_d\frac{e(k)-e(k-1)}{T}\Big] \tag{3.76}$$

式(3.76)就是典型的数字 PID 控制算法。控制器由三部分构成,第一项为 $K_p e(k)$ 是指比例控制;第二项 $\dfrac{K_p T}{T_i}\sum\limits_{j=0}^k e(j)$ 是指数字积分控制;第三项 $K_p T_d\dfrac{e(k)-e(k-1)}{T}$ 是指微分控制。

1) 位置型 PID 控制算式

式(3.76)第 k 次采样时 PID 控制器的输出为:

$$u(k)=K_p e(k)+K_i\sum_{j=0}^k e(j)+K_d\big[e(k)-e(k-1)\big] \tag{3.77}$$

式中,$K_i=K_p\dfrac{T}{T_i}$,$K_d=K_p\dfrac{T_d}{T}$。

将式(3.77)做进一步改进,那么:

设比例项输出为:

$$u_p(k)=K_p e(k)$$

积分项输出为:

$$\begin{aligned}
u_i(k) &= K_i\sum_{j=0}^k e(j) \\
&= K_i e(k)+K_i\sum_{j=0}^{k-1} e(j) \\
&= K_i e(k)+P_i(k-1)
\end{aligned}$$

微分项输出为:

$$u_d(k)=K_d\big[e(k)-e(k-1)\big]$$

因此,式(3.77)可以写成:$u(k)=u_p(k)+u_i(k)+u_d(k)$

由式(3.77)得出的控制量为全量值输出,也就是每次的输出值 $u(k)$ 都与执行机构的位置(如控制阀门的开度)相互对应,所以把它称之为位置型数字 PID 控制算法。

2) 增量型 PID 控制算式

当 $u(k)$ 大幅度变化时,会引起系统冲击,甚至造成事故,因此实际控制中当执行机构需要的不是控制量的全量值,而是其增量时,可使用增量型 PID 算式。如当测控系统中的执行器为步进电动机、电动调节阀、多圈电位器等具有保持历史位置功能的装置时,就不需要控制量的全量值,而是其增量值即可。如果将式(3.76)进行改动,那么式(3.76)将变成如下形式:

$$u(k-1) = K_p \left[e(k-1) + \frac{T}{T_i} \sum_{j=0}^{k-1} e(j) + T_d \frac{e(k-1) - e(k-2)}{T} \right] \quad (3.78)$$

增量型数字 PID 算式是位置型数字 PID 控制器两次相邻采样时刻输出的控制量之差:

$$\begin{aligned}
\Delta u(k) &= u(k) - u(k-1) \\
&= K_p [e(k) - e(k-1)] + K_i e(k) + K_d [e(k) - 2e(k-1) + e(k-2)]
\end{aligned} \quad (3.79)$$

那么式(3.79)得出的就是数字 PID 控制器输出控制量的增量值。因此,称之为增量型数字 PID 控制算法。

由式(3.79)可以看出,计算第 k 次输出值 $u(k)$,需要知道 $u(k-1)$ 和 $\Delta u(k)$,也就是说只需要知道 $u(k-1)$,$e(k-1)$,$e(k-2)$ 和 $e(k)$ 即可。

为了便于计算机编程,简化计算并提高计算速度,可以将式(3.79)进一步写成:

$$\Delta u(k) = \Delta u_p(k) + \Delta u_i(k) + \Delta u_d(k) \quad (3.80)$$

式中,$\Delta u_p(k) = K_p [e(k) - e(k-1)]$;

$\Delta u_i(k) = K_i e(k)$;

$\Delta u_d(k) = K_d [e(k) - 2e(k-1) + e(k-2)]$.

位置型和增量型 PID 控制算法其控制原理如图 3.13 所示。

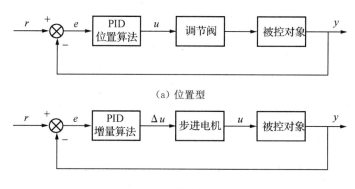

(a) 位置型

(b) 增量型

图 3.13　两种 PID 控制算法实现的闭环系统

增量型数字 PID 控制算法与位置型数字 PID 控制算法相比,具有以下优点:

(1) 增量型 PID 算法无需做累加,增量的确定仅仅与最近几次偏差采样值有关,计算误差或计算精度对控制量的计算影响较小。但位置型 PID 算法需要用过去的偏差的累加值,容易产生累积误差。

（2）采用增量型算式时所用的执行器本身都具有保持功能，即使计算机发生故障，执行器仍能保持在原位，不会对生产造成恶劣影响。

（3）为实现从手动到自动的无冲击切换，在切换瞬时，必须首先将计算机的输出控制量设置为阀门原始开度 u_0。由于增量式中没有 u_0 项，与阀门的原始位置无关。因此，易于实现从手动到自动的无扰动切换。

（4）增量型 PID 算法得出的是控制量的增量，如阀门控制中，只输出阀门的开度变化部分，误动作影响小，必要时通过逻辑判断限制或禁止本次输出，不会影响到系统的工作。但位置型 PID 算法的输出是控制量的全量输出，误动作影响较大。

在实际应用中，应该根据被控对象的实际情况来选择是采用位置型 PID 算式，还是采用增量型 PID 算式。通常，当控制系统要求有较高的控制精度，或者其执行机构是晶闸管、伺服电动机时，采用位置型算法；而执行机构采用步进电动机或多圈电位器时，采用增量式算法。

3.4.3　数字 PID 算法的改进

考虑到计算机测控系统的灵活性，除了可以按位置型和增量型算式进行标准的数字 PID 控制计算外，也可以根据系统的实际要求，对 PID 控制算法进行改进，以提高系统的控制品质。

1）积分分离 PID 控制算法

积分分离 PID 控制算法的思想是：当系统的输出值与给定值相差较大时，取消积分作用，直到被调量接近给定值时，再产生积分作用。这样可以避免较大偏差产生积分饱和，同时又可以利用积分的作用消除误差。

设给定值为 $r(k)$，经过数字滤波后的测量值为 $y(k)$，最大允许偏差为 β，那么积分分离控制算法为

$$e(k)=|r(k)-y(k)|\begin{cases} >\beta,\text{为 PD 控制} \\ \leqslant\beta,\text{为 PID 控制} \end{cases} \tag{3.81}$$

因此，当 $e(k)\leqslant\beta$，即偏差 $e(k)$ 比较小时，采用 PID 控制，可以保证系统的稳态误差为零，从而保证系统的控制精度。当 $e(k)>\beta$，即偏差 $e(k)$ 比较大时，采用 PD 控制，能大大地降低超调量，改善系统动态特性。积分分离 PID 控制算法效果图如图 3.14 所示。

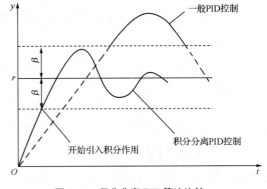

图 3.14　积分分离 PID 算法比较

2) 变速积分的 PID 算法

一般 PID 中,积分系数 k_i 是常数,所以在整个调节过程中,积分增益不变。而系统对积分项的要求是,系统偏差大时,积分作用减弱以至全无,而在偏差较小时则应加强积分作用。否则,积分系数取大了会产生超调,甚至出现积分饱和;取小了又迟迟不能消除静差。

利用变速积分 PID 算法可以有效解决以上问题。变速积分 PID 算法可以改变积分项的累加速度,使其与偏差大小相对应。偏差大时,积分累加速度慢,积分作用弱;偏差小时,使积分累加速度加快,积分作用增强。因此设置一个系数 $f[e(k)]$,它是 $e(k)$ 的函数,当 $e(k)$ 增大时,$f[e(k)]$ 减小,反之则增大。每次采样后,用 $f[e(k)]$ 与 $e(k)$ 做乘积,再进行累加,则

$$u'(k) = K_i \left\{ \sum_{i=0}^{k-1} e(i) + f[e(k)]e(k) \right\} \tag{3.82}$$

式中,$u'(k)$ 表示变速积分项的输出值。

$f[e(k)]$ 与 $e(k)$ 的关系如下式所示:

$$f[e(k)] = \begin{cases} 1 & |e(k)| \leqslant B \\ \dfrac{A - |e(k)| + B}{A} & B < |e(k)| \leqslant (A+B) \\ 0 & |e(k)| > (A+B) \end{cases} \tag{3.83}$$

由于 $f[e(k)]$ 的值在 0~1 区间内变化,当偏差大于所给分离区间 $A+B$ 后,$f[e(k)] = 0$,不再进行累加;$|e(k)| \leqslant A+B$,$f[e(k)]$ 随偏差的减小而增大,累加速度加快,直到偏差小于 B 后,累加速度达到最大值 1。

变速积分 PID 算法与标准 PID 算法相比,有以下优点:

(1) 实现了用比例作用消除大偏差,用积分作用消除小偏差的理想调节特性,从而完全消除了积分饱和作用。

(2) 减小了超调量,可以很容易地使系统稳定,改善了调节的品质。

(3) 适应能力强,一些用常规 PID 控制不理想的过程可以采用此种算法。

(4) 参数整定容易,各参数间的相互影响小。

3) 不完全微分的 PID 算式

如果被调量包含着随机高频干扰信号或给定值阶跃变化,由于标准 PID 控制算法中的微分作用可能会产生较大的控制量变化,会给系统运行造成冲击,导致系统控制过程振荡,调节品质降低。但对于中、低频的扰动信号,微分环节又是不可缺少的,因为微分环节选得适当,就能近似地补偿被控对象的一个极点,能扩大系统的稳定范围。为了解决上述问题,同时要保证微分作用有效,可以采用不完全微分的 PID 算式。不完全微分的 PID 传递函数为:

$$\frac{U(s)}{E(s)} = K_P \left[1 + \frac{1}{T_I s} + \frac{T_D s}{1 + \dfrac{T_D}{K_D} s} \right] \tag{3.84}$$

　　将上式分成比例积分和微分两部分,得

$$U(s)=U_{PI}(s)+U_D(s) \tag{3.85}$$

式中,

$$U_{PI}(s)=K_P\Big[1+\frac{1}{T_I S}\Big]E(s)$$

$$U_D(s)=K_P\frac{T_D s}{1+\frac{T_D}{K_D}s}$$

$U_{PI}(s)$ 的差分方程为:

$$u_{PI}(k)=K_P\Big[e(k)+\frac{T}{T_I}\sum_{i=0}^{k}e(i)\Big] \tag{3.86}$$

　　将微分部分化成微分方程,由 $\Big[\frac{T_D}{K_D}s+1\Big]U_D(s)=K_PT_DsE(s)$

得:

$$\frac{T_D}{K_D}\frac{\mathrm{d}u_D(t)}{\mathrm{d}t}+u_D(t)=K_PT_D\frac{\mathrm{d}e(t)}{\mathrm{d}t} \tag{3.87}$$

　　将微分项化为差分项,有:

$$\frac{T_D}{K_D}\frac{u_D(k)-u_D(k-1)}{T}+u_D(k)=K_PT_D\frac{e(k)-e(k-1)}{T} \tag{3.88}$$

整理,得:

$$u_D(k)=\frac{\frac{T_D}{K_D}}{\frac{T_D}{K_D}+T}u_D(k-1)+\frac{T_DK_P}{\frac{T_D}{K_D}+T}[e(k)-e(k-1)] \tag{3.89}$$

令 $A=\frac{T_D}{K_D}+T,B=\frac{\frac{T_D}{K_D}}{\frac{T_D}{K_D}+T}$。

则

$$u_D(k)=Bu_D(k-1)+\frac{T_DK_P}{A}[e(k)-e(k-1)] \tag{3.90}$$

　　因此,不完全微分的 PID 位置算式为:

$$u_D(k)=K_P\Big[e(k)+\frac{T}{T_I}\sum_{i=0}^{k}e(i)\Big]+\frac{T_DK_P}{A}[e(k)-e(k-1)]+Bu_D(k-1) \tag{3.91}$$

　　与理想 PID 算式相比,多出一项,$Bu_D(k-1)$

因为,

$$u_D(k-1)=K_P\Big[e(k-1)+\frac{T}{T_I}\sum_{i=0}^{k-1}e(i)\Big]+\frac{T_DK_P}{A}[e(k-1)-e(k-2)]+Bu_D(k-2)$$

$$\tag{3.92}$$

所以不完全微分的 PID 增量算式为：

$$\Delta u_D(k) = K_P[e(k)-e(k-1)]+K_P\frac{T}{T_I}e(k)+\frac{T_D K_P}{A}[e(k)-2e(k-1)+e(k-2)]$$
$$+B[u_D(k-1)-u_D(k-2)]$$

(3.93)

标准 PID 控制器微分作用和不完全微分 PID 控制器微分作用时,输出特性如图 3.15 所示。

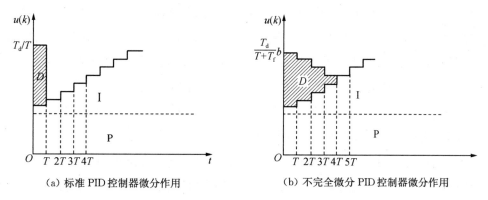

（a）标准 PID 控制器微分作用　　　　　（b）不完全微分 PID 控制器微分作用

图 3.15　数字 PID 控制器阶跃响应

采用标准 PID 控制器,完全微分项对于阶跃信号只是在采样的第一个周期产生很大的微分输出信号,不能按照偏差的变化趋势在整个调整过程中起作用,而是急剧下降为零,因而容易引起系统的振荡。而不完全微分 PID 控制器作用时,其微分作用是按照指数规律衰减为零,可以延续多个周期,因而使得系统变化较为缓慢,不易引起振荡。此外,采用不完全微分数字 PID 控制算法使得一般的执行机构能较好地跟踪微分作用的输出。同时,不完全微分数字 PID 控制器微分项在第一个采样周期内输出的幅度要比标准数字 PID 控制器的输出幅度小得多,这样,不容易引起振荡,能改善控制效果,获得理想的调节性能。另外,由于加入了低通滤波环节,也提高了控制器抑制高频干扰的能力。因此,尽管不完全微分数字 PID 算式比标准数字 PID 控制算式复杂,但由于其控制性能好,所以应用越来越广泛。

3.4.4　数字 PID 控制器参数整定方法

数字 PID 控制器参数的整定,就是决定调节器参数 K_p、T_i、T_d 以及采样周期 T 的值,通常采用工程整定法,即在对被控对象的动态特性作各种简单假设的基础上来整定相关参数,因此得到的参数值不一定是最佳的,往往只作为参考,然后在运行中进行适当的修改,以便寻求实用中的最佳参数。

1）扩充临界比例度法

扩充临界比例度法是基于模拟 PID 控制器中使用的临界比例度法的一种数字 PID 控

制器参数整定方法，它适用于具有自平衡性的被控对象。所谓自平衡性，是指被控对象在扰动作用下，平衡状态被破坏后，无须操作人员或仪表等干预，依靠被控对象自身恢复其平衡状态的能力。

应用扩充临界比例度法时，首先要确定控制度，即

$$控制度 = \frac{\left[\int_0^\infty e^2 \, dt\right]_{数字}}{\left[\int_0^\infty e^2 \, dt\right]_{模拟}} \tag{3.94}$$

控制度以误差的二次方积分作为评价函数，以模拟调节器为基准，将数字控制器的控制效果与模拟控制器的控制效果相比较。通常，当控制度为 1.05 时，数字控制器的控制效果与模拟控制器的控制效果相当；当控制度为 2 时，数字控制效果较模拟控制效果差一倍。

用扩充临界比例度法整定参数 T、K_p、T_i、T_d 的步骤如下：

（1）选择一个足够短的采样周期 T，例如被控过程有纯滞后时，采样周期 T 取滞后时间的 1/10 以下，此时控制器只作纯比例控制。

（2）给定值为阶跃输入，逐渐加大比例系数 K_p，使控制系统出现临界振荡状态，一般系统的阶跃响应持续 4～5 次振荡，就认为系统已经到达临界振荡状态。将此时的比例系数 K_p，记为 K_r，称为临界比例系数，求得临界比例度 $\delta_r = 1/K_r$，从第一个振荡顶点到第二个振荡顶点时间为振荡周期 T_r。

（3）选择控制度。所谓控制度，就是以模拟控制器为基准，将直接数字控制系统的控制效果与模拟控制器的控制效果相比较。对于模拟系统，其误差平方积分可以按照记录纸上的图形面积计算。而直接数字控制系统可以用计算机直接计算。

（4）根据控制度，直接查表 3.6 求得 T、K_p、T_i、T_d 的值。

（5）按照求得的整定参数，投入系统运行，观察控制效果，再适当调整参数，直到获得满意的控制效果为止。

表 3.6　扩充临界比例度法整定参数表

控制度	控制算法	T/T_r	K_p/δ_r	T_i/T_r	T_d/T_r
1.05	PI	0.03	0.53	0.88	——
	PID	0.014	0.63	0.49	0.14
1.2	PI	0.05	0.49	0.91	——
	PID	0.043	0.47	0.47	0.16
1.5	PI	0.14	0.42	0.99	——
	PID	0.09	0.34	0.43	0.20
2.0	PI	0.22	0.36	1.05	——
	PID	0.16	0.27	0.40	0.22

　　2）扩充响应曲线法

　　和扩充临界比例度法类似,扩充响应曲线法是将整定模拟 PID 调节器参数的阶跃响应法加以扩充,用来整定数字 PID 调节器参数的方法。一般情况下,扩充响应曲线法适用于多容自平衡系统(被控对象储存物质或能量的能力大小称为容量或容量系数,实际的被控对象容量数目可以很多,具有两个以上容量称之为多容)。在扩充临界比例度整定法中,无需事先知道对象的动态特性,而是直接在闭环系统中进行整定。如果已知系统的动态特性曲线,那么就可以与模拟调节方法一样,采用扩充响应曲线法进行整定。

　　扩充响应曲线法整定步骤如下:

　　(1) 断开数字控制器,在系统开环状态下,手动操作突加一阶跃给定值,给被控对象输入一个阶跃信号。

　　(2) 用仪表记录被控对象在阶跃输入下的输出响应曲线。

　　(3) 在曲线最大斜率处作切线,求出等效的滞后时间 τ 和等效的时间常数 T_p,以及它们的比值 T_p/τ。

　　(4) 根据表 3.7,由 τ、T_p、T_p/τ 的值求出 T、K_p、T_i、T_d 的值。

表 3.7　扩充响应曲线法整定参数表

控制度	控制算法	$T/T\tau$	$K_p T_u/T_p$	$T_i/T\tau$	$T_d/T\tau$
1.05	PI	0.1	0.84	0.34	——
	PID	0.05	0.15	2.0	0.45
1.2	PI	0.2	0.78	3.6	——
	PID	0.16	1.0	1.9	0.55
1.5	PI	0.5	0.68	3.9	——
	PID	0.34	0.85	1.62	0.65
2.0	PI	0.8	0.57	4.2	——
	PID	0.6	0.6	1.5	0.82

　　(5) 按照整定的参数,投入系统运行,观察控制效果,再适当调整参数,直到获得满意的控制效果为止。

　　以上讨论的两种参数整定方法特别适用于一阶惯性加纯滞后对象,扩充临界比例度法不需要事先知道被控对象的动态特性,是在闭环系统中进行参数整定的;如果事先已知系统的开环动态特性曲线,则可采用扩充响应曲线法整定参数。

　　3）试凑法

　　从一组初始 PID 参数开始,通过观察模拟系统或实际系统的闭环运行效果,根据 PID 控制器各参数对系统品质的定性影响,反复试凑,不断修改参数,直至获得满意的控制效果为止,是目前工程上应用最为广泛的一种 PID 控制器参数整定方法。

PID 控制器三个参数对系统性能的影响如下：

（1）增大比例系数 K_p，即比例作用加强，一般会使系统响应加快，在有静差的情况下有利于减小静差。但如果比例系数过大，会使系统超调增大，并产生振荡，稳定性下降。

（2）增大积分时间常数 T_i，即积分作用减弱，有利于减小超调，减小振荡，提高系统的稳定性，但也会加大消除静差的时间，使调节时间变长。

（3）增大微分时间常数 T_d，即增强微分作用，有利于加快系统响应，减小超调，增加稳定性，但它使系统抗干扰的能力下降。

依据 PID 控制器各参数对控制过程的影响情况，按照"先比例，后积分，再微分"的顺序，用试凑法整定 PID 控制器参数的步骤如下：

（1）先整定比例部分，将 K_p 由小变大，观察相应的系统响应，直到得到反应快、超调小的响应曲线。如果系统没有静差或者静差已经小到允许范围内，并且响应曲线已经属于满意，比例系数可以由此确定。

（2）如果在比例控制的情况下，系统的静差不满足设计要求，则加入积分控制。整定时先将积分时间常数 T_i 设为一个较大的值，并将上一步中的 K_p 减小，例如取 $0.8K_p$ 代替原来的 K_p，然后逐渐减小 T_i，使系统响应在良好动态性能的情况下，消除静差。可以反复测试多组的 K_p 和 T_i 值，从中确定最合适的参数。

（3）若采用 PI 控制消除系统静差后，系统的动态特性不能满足设计要求，如超调量过大，或调节时间过长，则需要加入微分控制，构成 PID 控制器。首先将微分时间常数 T_d 设为零，然后逐步增大 T_d，同时相应地改变 K_p 和 T_i，逐步试凑多组 PID 参数，从中找出一组最佳调节参数。

在 PID 控制中，比例、积分、微分三部分参数具有一定的互补性，往往某一参数的减少可由其他参数的增加来补偿。所以不同的 K_p、T_i、T_d 参数组合往往可以达到相同的控制效果。实际应用中，只要控制效果已达到要求，就可以确定对应的 PID 参数。

为了减少参数试凑的盲目性，表 3.8 给出了几种常见被控变量的 PID 控制参数的经验范围，可作为参数试凑的初值。

表 3.8　几种常见过程变量的 PID 控制参数经验范围

被控量	特　点	K_p	T_i(min)	T_d(min)
流量	对象时间常数小，并有噪声，故 K_p 较小，T_i 较短，不用微分	1～2.5	0.1～1	——
温度	对象为多容系统，有较大滞后，常用微分	1.6～5	3～10	0.5～3
压力	对象为容量系统，滞后一般不大，不用微分	1.4～3.5	0.4～3	——
液位	在允许有静差时，不用积分，不用微分	1.25～5	——	——

3.5　数字控制器离散化设计

数字 PID 控制算法,是基于模拟系统 PID 调节器的设计,并在计算机上数字模拟实现的,这种方法称为模拟化设计。该方法对一般的调节系统是完全可行的,但它要求较小的采样周期,只能实现简单的控制算法。由于控制任务需要,当所选择的采样周期较大或对控制质量要求较高时,就需要从被控对象的特性出发,直接根据采样理论来设计数字控制器,这种方法称为直接数字设计。它完全根据采样系统的特点进行分析与综合,并导出相应的控制规律,比模拟化设计更具有一般性。无论采样周期大小,直接数字设计都适用。

3.5.1　概述

典型的数字反馈控制系统如图 3.16 所示。

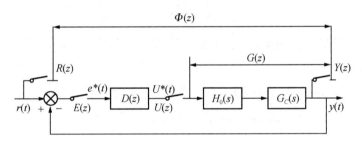

图 3.16　典型数字反馈控制系统

图中,被控对象为 $G_C(s)$。

广义对象的脉冲传递函数:

$$G(z) = Z[H_0(s)G_C(s)] = Z\left[\frac{1-\mathrm{e}^{-Ts}}{s}G_C(s)\right] \qquad (3.95)$$

零阶保持器:

$$H_o(s) = \frac{1-\mathrm{e}^{-Ts}}{s} \qquad (3.96)$$

数字控制器:$D(z)$;

系统闭环脉冲传递函数:

$$\Phi(z) = \frac{\Phi_K(z)}{1+\Phi_K(z)} = \frac{D(z)G(z)}{1+D(z)G(z)} \qquad (3.97)$$

系统开环脉冲传递函数:

$$\Phi_K(z) = D(z)G(z) \qquad (3.98)$$

系统误差脉冲传递函数:

$$\Phi_e(z) = \frac{E(z)}{R(z)} = \frac{1}{1 + D(z)G(z)} = 1 - \Phi(z) \tag{3.99}$$

数字控制器输出闭环脉冲传递函数：

$$\Phi_U(z) = \frac{U(z)}{R(z)} = \frac{D(z)}{1 + D(z)G(z)} = \frac{\Phi(z)}{G(z)} \tag{3.100}$$

如果以上脉冲传递函数已知，那么可以计算出数字控制器 $D(z)$。

已知 $\Phi(z)$，可以计算出 $D(z)$：

$$D(z) = \frac{1}{G(z)} \frac{\Phi(z)}{1 - \Phi(z)} \tag{3.101}$$

已知 $\Phi_e(z)$，可以计算出 $D(z)$：

$$D(z) = \frac{1}{G(z)} \frac{1 - \Phi_e(z)}{\Phi_e(z)} \tag{3.102}$$

已知 $\Phi_U(z)$，可以计算出 $D(z)$：

$$D(z) = \frac{\Phi_U(z)}{1 - \Phi_U(z)G(z)} = \frac{\Phi_U(z)}{1 - \Phi(z)} \tag{3.103}$$

依据不同的闭环脉冲传递函数，可以选择不同的方式计算出 $D(z)$，但是计算出的 $D(z)$ 应该满足以下条件：

(1) 得到的 $D(z)$ 应该是物理可实现的，符合因果规律。

(2) $D(z)$ 必须是稳定的，即 $D(z)$ 的零点、极点的分布必须满足稳定条件。

3.5.2　最少拍系统的设计

在控制系统中存在偏差时，总是希望系统能尽快地消除偏差，使输出跟随输入变化或者在有限的几个采样周期内达到平衡。最少拍控制实际是时间最优控制。因此，最少拍随动系统的设计任务就是设计一个数字控制器，使系统达到稳定时所需的采样周期最少，而且系统能使采样点的输出值准确地跟踪输入信号，不存在静差。

1）最少拍控制系统设计要求

(1) 对特定的参考输入信号，在到达稳定后，系统在采样点的输出值能准确地跟踪输入信号，不存在静差。

(2) 各种使系统在有限拍内达到稳态的设计，其系统能准确跟踪输入信号所需要的采样周期应为最少。

(3) 数字控制器 $D(z)$ 在物理上可实现。

(4) 闭环系统必须是稳定的。

2）最少拍控制系统设计步骤

数字反馈系统框图如图 3.17 所示，最少拍控制系统设计步骤如下：

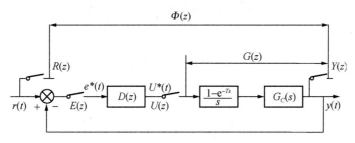

图 3.17 数字反馈系统框图

（1）根据控制系统的性能指标要求和其他约束条件，确定所需的闭环脉冲传递函数为 $\Phi(z)$。

（2）求出广义对象的脉冲传递函数

$$G(z)=\frac{B(z)}{A(z)}=Z[H_0(s)G_C(s)]=Z\left[\frac{1-\mathrm{e}^{-Ts}}{s}G_C(s)\right]=(1-z^{-1})Z\left[\frac{G_C(s)}{s}\right] \quad (3.104)$$

（3）设 $G(z)$ 中有采样周期的纯滞后，u 个单位圆外或单位圆上的零点 $(b_1,b_2,\cdots,b_n)$，有 v 个单位圆外或单位圆上的极点 $(a_1,a_2,\cdots,a_n)$，那么：

$$G(z) = Z\left[\frac{(1-\mathrm{e}^{-Ts})}{s}G_C(S)\right]=\frac{z^{-d}\prod\limits_{i=1}^{u}(1-b_iz^{-1})}{\prod\limits_{i=1}^{v}(1-a_iz^{-1})}G(z)' \quad (3.105)$$

其中，$G(z)'$ 为 $G(z)$ 中不包含单位圆上和单位圆外的零极点；u 为 $G(z)$ 中单位圆上和单位圆外的零点数；v 为 $G(z)$ 中单位圆上和单位圆外的极点数。

（4）设输入信号为：$R(z)=\dfrac{A(z)}{(1-z^{-1})^m}$，那么：

当 $G(z)$ 中有单位圆上和单位圆外的极点时：

$$\Phi_e(z) = (1-z^{-1})^m\prod_{i=1}^{v}(1-a_iz^{-1})\Big]f_1(z) \quad (3.106)$$

当 $G(z)$ 中有单位圆上和单位圆外的零点时：

$$\Phi(z) = z^{-1}\Big[\prod_{i=1}^{u}(1-b_iz^{-1})\Big]f_2(z) \quad (3.107)$$

（5）如果 $G(z)$ 有 j 个极点在单位圆上 $(z=1)$，则：

$$j\leqslant q:\quad \Phi_e(z) = \prod_{i=1}^{v-j}(1-a_iz^{-1})(1-z^{-1})^qF_1(z) \quad (3.108)$$

$$j\geqslant q:\quad \Phi_e(z) = \prod_{i=1}^{v-j}(1-a_iz^{-1})(1-z^{-1})^jF_1(z) \quad (3.109)$$

（6）得出最少拍数字控制器 $D(z)$

$$D(z)=\frac{1}{G(z)}\frac{\Phi(z)}{1-\Phi(z)} \quad (3.110)$$

3) 典型输入下的最少拍控制系统分析

(1) 单位阶跃输入($q=1$)

输入为单位阶跃信号时，$r(t)=1$，其 Z 变换为：$R(z)=\dfrac{1}{1-z^{-1}}$

系统的闭环脉冲传递函数为：

$$\Phi(z)=1-(1-z^{-1})^q=z^{-1}$$

系统的误差传递函数为：

$$
\begin{aligned}
E(z)&=R(z)\Phi_e(z)\\
&=R(z)[1-\Phi(z)]\\
&=\frac{1}{1-z^{-1}}(1-z^{-1})\\
&=1\cdot z^0+0\cdot z^{-1}+0\cdot z^{-2}+\cdots
\end{aligned}
$$

系统的输出序列 $Y(z)$ 为：

$$
\begin{aligned}
Y(z)&=R(z)\Phi(z)\\
&=\frac{1}{1-z^{-1}}z^{-1}\\
&=z^{-1}+z^{-2}+z^{-3}+\cdots
\end{aligned}
$$

因此，系统只需 1 拍（一个采样周期）输出就能跟踪输入，误差为零，系统进入稳态。

(2) 单位速度输入($q=2$)

输入为单位速度信号时，$r(t)=t$，其 Z 变换为：$R(z)=\dfrac{Tz^{-1}}{(1-z^{-1})^2}$

系统的闭环脉冲传递函数为：

$$
\begin{aligned}
\Phi(z)&=1-(1-z^{-1})^2\\
&=2z^{-1}-z^{-2}
\end{aligned}
$$

系统的误差传递函数为：

$$
\begin{aligned}
E(z)&=R(z)\Phi_e(z)\\
&=R(z)[1-\Phi(z)]\\
&=\frac{Tz^{-1}}{(1-z^{-1})^2}(1-2z^{-1}+z^{-2})\\
&=Tz^{-1}+0\cdot z^{-2}+0\cdot z^{-3}+\cdots
\end{aligned}
$$

系统的输出序列 $Y(z)$ 为：

$$
\begin{aligned}
Y(z)&=R(z)\Phi(z)\\
&=2Tz^{-2}+3Tz^{-3}+4Tz^{-4}+\cdots
\end{aligned}
$$

因此，系统只需两拍（两个采样周期）输出就能跟踪输入，达到稳态，过渡过程结束。

（3）单位加速度输入$(q=3)$

输入为单位加速度信号时，$r(t)=\dfrac{1}{2}t^2$，其 Z 变换为：

$$R(z)=\frac{T^2 z^{-1}(1+z^{-1})}{2(1-z^{-1})^3}$$

系统的闭环脉冲传递函数为：

$$\Phi(z)=1-(1-z^{-1})^3$$
$$=3z^{-1}-3z^{-2}+z^{-3}$$

系统的误差传递函数为：

$$E(z)=\frac{1}{2}T^2 z^{-1}+\frac{1}{2}T^2 z^{-2}$$

系统的输出序列 $Y(z)$ 为：

$$Y(z)=R(z)\Phi(z)$$
$$=\frac{3}{2}T^2 z^{-2}+\frac{9}{2}T^2 z^{-3}+8T^2 z^{-4}+\cdots$$

因此，系统只需三拍（三个采样周期）输出就能跟踪输入，达到稳态。

典型输入信号的理想最少拍过程如表 3.9 所示。

表 3.9 典型输入信号的理想最少拍过程

典型输入		闭环脉冲传递函数		数字控制器的脉冲传递函数 $D(z)$	调节时间 t_s
$r(t)$	$R(z)$	$\phi(z)$	$\phi_e(z)$		
1	$\dfrac{1}{1-z^{-1}}$	z^{-1}	$1-z^{-1}$	$\dfrac{z^{-1}}{(1-z^{-1})G(z)}$	T
t	$\dfrac{Tz^{-1}}{(1-z^{-1})^2}$	$2z^{-1}-z^{-2}$	$(1-z^{-1})^2$	$\dfrac{z^{-1}(2-z^{-1})}{(1-z^{-1})^2 G(z)}$	$2T$
$\dfrac{1}{2}t^2$	$\dfrac{T^2 z^{-1}(1+z^{-1})}{2(1-z^{-1})^3}$	$3z^{-1}-3z^{-2}+z^{-3}$	$(1-z^{-1})^3$	$\dfrac{z^{-1}(3-3z^{-1}+z^{-2})}{(1-z^{-1})^3 G(z)}$	$3T$

【例 3.16】 设离散控制系统中，被控对象为 $G_C(s)=\dfrac{100}{s(s+10)}$，采用零阶保持器，采样周期 $T=0.1\,\mathrm{s}$。试设计当输入信号分别为单位阶跃信号、单位速度信号、单位加速度信号时的最少拍控制器。

解： 广义对象的脉冲传递函数为：

$$G(z)=Z\left[\frac{1-\mathrm{e}^{-Ts}}{s}\frac{100}{s(s+10)}\right]=(1-z^{-1})Z\left[\frac{100}{s^2(s+10)}\right]$$
$$=(1-z^{-1})\left[\frac{10Ts^{-1}}{(1-z^{-1})}-\frac{1}{1-z^{-1}}+\frac{1}{1-\mathrm{e}^{-10T}z^{-1}}\right]$$
$$=\frac{0.368z^{-1}(1+0.717z^{-1})}{(1-z^{-1})(1-0.368z^{-1})}$$

（1）当输入为单位阶跃信号时， $R(z)=\dfrac{1}{1-z^{-1}}$ ，选择闭环脉冲传递函数 $\Phi(z)=z^{-1}$ ，则数字控制器为：

$$D(z)=\frac{\Phi(z)}{G(z)[1-\Phi(z)]}=\frac{z^{-1}}{\dfrac{0.368z^{-1}(1+0.717z^{-1})}{(1-z^{-1})(1-0.368z^{-1})}(1-z^{-1})}=\frac{2.717(1-0.368z^{-1})}{1+0.717z^{-1}}$$

输出序列的 Z 变换为：

$$Y(z)=\Phi(z)R(z)=z^{-1}\frac{1}{1-z^{-1}}=z^{-1}+z^{-2}+\cdots+z^{-k}+\cdots$$

由此得到输出序列为：

$$y(0)=0,y(T)=1,y(2T)=1,\cdots,y(kT)=1,\cdots$$

可以看出，系统经过 1 拍达到稳态。

（2）当输入单位速度信号时， $R(z)=\dfrac{Tz^{-1}}{(1-z^{-1})^2}$ ，选择闭环脉冲传递函数为：

$$\Phi(z)=2z^{-1}-z^{-2}$$

则数字控制器为 $D(z)$ 为：

$$D(z)=\frac{\Phi(z)}{G(z)[1-\Phi(z)]}=\frac{2z^{-1}-z^{-2}}{\dfrac{0.368z^{-1}(1+0.717z^{-1})}{(1-z^{-1})(1-0.368z^{-1})}(1-z^{-1})^2}$$

$$=\frac{5.435(1-0.5z^{-1})(1-0.368z^{-1})}{(1-z^{-1})(1+0.717z^{-1})}$$

输出序列的 Z 变换为：

$$Y(z)=\Phi(z)R(z)=(2z^{-1}-z^{-2})\frac{Tz^{-1}}{(1-z^{-1})^2}=2Tz^{-2}+3Tz^{-3}+\cdots+kTz^{-k}+\cdots$$

由此得到输出序列为：

$$y(0)=0,y(T)=0,y(2T)=2T,\cdots,y(kT)=kT,\cdots$$

可以看出，系统经过 2 拍达到稳定。

（3）当输入单位加速度信号时， $R(z)=\dfrac{T^2z^{-1}(1+z^{-1})}{2(1-z^{-1})^3}$ ，选择闭环脉冲传递函数为：

$$\Phi(z)=3z^{-1}-3z^{-2}+z^{-3}$$

则数字控制器为：

$$D(z)=\frac{\Phi(z)}{G(z)[1-\Phi(z)]}=\frac{3z^{-1}-3z^{-2}+z^{-3}}{\dfrac{0.368z^{-1}(1+0.717z^{-1})}{(1-z^{-1})(1-0.368z^{-1})}(1-z^{-1})^3}$$

$$=\frac{(3-3z^{-1}+z^{-2})(1-0.368z^{-1})}{0.368(1-z^{-1})(1+0.717z^{-1})}$$

输出序列的 Z 变换为：

$$Y(z) = \Phi(z)R(z) = (3z^{-1} - 3z^{-2} + z^3)\frac{T^2 z^{-1}(1+z^{-1})}{2(1-z^{-1})^3}$$

$$= 1.5T^2 z^{-2} + 4.5T^2 z^{-3} + 8T^2 z^{-4} + 12.5T^2 z^{-5} + \cdots$$

由此得到输出序列为：

$$y(0) = 0, y(T) = 0, y(2T) = 1.5T^2, y(3T) = 4.5T^2, y(4T) = 8T^2, \cdots$$

可以看出，系统经过 3 拍达到稳定。

【例 3.17】 设离散控制系统中，被控对象为 $G_C(s) = \dfrac{10}{s(s+1)}$，采用零阶保持器，采样周期 $T = 0.1$ s，试设计当输入信号为单位速度信号时的最少拍有纹波控制器。

解： 广义对象的脉冲传递函数为：

$$G(z) = (1-z^{-1})Z\left[\frac{10}{s^2(s+1)}\right]$$

$$= 10(1-z^{-1})\left[\frac{z^{-1}}{(1-z^{-1})^2} - \frac{1}{1-z^{-1}} + \frac{1}{1-0.368z^{-1}}\right]$$

$$= \frac{3.68z^{-1}(1+0.718z^{-1})}{(1-z^{-1})(1-0.368z^{-1})}$$

当输入为单位速度信号时，$R(z) = \dfrac{Tz^{-1}}{(1-z^{-1})^2}$，依据广义对象的脉冲传递函数可得系统闭环脉冲传递函数和误差脉冲传递函数，

$$\Phi(z) = z^{-d}\prod_{i=1}^{v-j}(1-a_i z^{-1})F_2(z) = f_{21}z^{-1} + f_{22}z^{-2}$$

$$\Phi_e(z) = \prod_{i=1}^{v-j}(1-a_i z^{-1})(1-z^{-1})F_1(z) = (1-z^{-1})^2 = 1 - 2z^{-1} + z^{-2}$$

由于

$$\Phi_e(z) = 1 - \Phi(z) = 1 - f_{21}z^{-1} - f_{22}z^{-2} = 1 - 2z^{-1} + z^{-2}$$

则数字控制器 $D(z)$ 为：

$$D(z) = \frac{\Phi(z)}{G(z)\Phi_e(z)} = \frac{(1-z^{-1})(1-0.368z^{-1})(2z^{-1}-z^{-2})}{3.68z^{-1}(1+0.718z^{-1})(1-z^{-1})^2}$$

$$= \frac{0.543(1-0.368z^{-1})(2z^{-1}-z^{-2})}{(1+0.718z^{-1})(1-z^{-1})}$$

由此可以导出输出量和控制量的 Z 变换：

$$Y(z) = R(z)\Phi(z)$$

$$= 2z^{-2} + 3z^{-3} + 4z^{-4} + \cdots$$

$$U(z) = D(z)E(z) = z^{-1}\frac{0.543(1-0.368z^{-1})(1-0.5z^{-1})}{(1+0.718z^{-1})(1-z^{-1})^2}$$

$$= 0.54z^{-1} - 0.32z^{-2} + 0.4z^{-3} - 0.12z^{-4} + 0.25z^5 + \cdots$$

【例 3.18】 离散控制系统如图 3.15 所示，被控对象为 $G_C(s) = \dfrac{100}{s(s+1)(s+10)}$，采用零阶

保持器,采样周期 $T=0.5$ s,试设计当输入信号为单位阶跃信号时的最少拍有纹波控制器。

解: 广义对象的脉冲传递函数为:

$$G(z)=(1-z^{-1})Z\left[\frac{100}{s^2(s+1)(s+10)}\right]$$

$$=(1-z^{-1})Z\left[\frac{10}{s^2}-\frac{11}{s}+\frac{\frac{100}{9}}{(s+1)}-\frac{\frac{1}{9}}{(s+10)}\right]$$

$$=\frac{0.74z^{-1}(1+1.48z^{-1})(1+0.05z^{-1})}{(1-z^{-1})(1-0.6z^{-1})(1-0.007z^{-1})}$$

当输入为单位阶跃信号时,$R(z)=\dfrac{1}{1-z^{-1}}$,依据广义对象的脉冲传递函数可得系统闭环脉冲传递函数和误差脉冲传递函数,

$$\Phi(z)=z^{-d}\prod_{i=1}^{u}(1-b_iz^{-1})F_2(z)=(1+1.48z^{-1})f_{21}z^{-1}$$

$$=f_{21}z^{-1}+1.48f_{21}z^{-2}$$

$$\Phi_e(z)=\prod_{i=1}^{v-j}(1-a_iz^{-1})(1-z^{-1})^qF_1(z)$$

$$=(1-z^{-1})(1+f_{11}z^{-1})=1+(f_{11}-1)z^{-1}-f_{11}z^{-2}$$

由于

$$\Phi_e(z)=(1-z^{-1})(1+f_{11}z^{-1})$$

$$\Phi_e(z)=1-\Phi(z)=1-f_{21}z^{-1}-1.48f_{21}z^{-2}=1+(f_{11}-1)z^{-1}-f_{11}z^{-2}$$

则数字控制器 $D(z)$ 为:

$$D(z)=\frac{\Phi(z)}{G(z)\Phi_e(z)}=\frac{(1-z^{-1})(1-0.6z^{-1})(1-0.007z^{-1})(1+1.48z^{-1})0.403z^{-1}}{0.74z^{-1}(1+1.48z^{-1})(1+0.05z^{-1})(1-z^{-1})(1+0.597z^{-1})}$$

$$=\frac{0.546(1-0.6z^{-1})(1-0.007z^{-1})}{(1+0.05z^{-1})(1+0.597z^{-1})}$$

由此可以导出输出量和控制量的 Z 变换:

$$Y(z)=R(z)\Phi(z)$$

$$=\frac{1}{1-z^{-1}}(1+1.48z^{-1})0.403z^{-1}$$

$$=0.403z^{-1}+z^{-2}+4z^{-3}+\cdots$$

$$U(z)=D(z)E(z)$$

$$=\frac{0.546(1-0.6z^{-1})(1-0.007z^{-1})}{(1+0.05z^{-1})(1+0.597z^{-1})}(1+0.597z^{-1})$$

$$=\frac{0.546(1-0.6z^{-1})(1-0.007z^{-1})}{(1+0.05z^{-1})}$$

$$=0.546-0.36z^{-1}+0.02z^{-2}-0.01z^{-3}+\cdots$$

【例 3.19】 离散控制系统如图 3.15 所示,被控对象为 $G_C(s) = \dfrac{10}{(s+1)(s+2)}$,采用零阶保持器,采样周期 $T = 0.1\text{ s}$,试设计当输入信号为单位阶跃信号时的最少拍有纹波控制器。

解:广义对象的脉冲传递函数为:

$$G(z) = (1-z^{-1})Z\left[\frac{10}{s(s+1)(s+2)}\right]$$

$$= (1-z^{-1})Z\left[\frac{5}{s} - \frac{10}{(s+1)} - \frac{5}{(s+2)}\right]$$

$$= \frac{0.1z^{-2}}{(1-0.9z^{-1})(1-0.8z^{-1})}$$

当输入为单位阶跃信号时,$R(z) = \dfrac{1}{1-z^{-1}}$,依据广义对象的脉冲传递函数可得系统闭环脉冲传递函数和误差脉冲传递函数,

$$\Phi_e(z) = \prod_{i=1}^{v-j}(1-a_iz^{-1})(1-z^{-1})^qF_1(z) = (1-z^{-1})(1+f_{11}z^{-1})$$

$$\Phi(z) = z^{-d}\prod_{i=1}^{u}(1-b_iz^{-1})F_2(z) = f_{21}z^{-2}$$

由于

$$\Phi_e(z) = 1 - \Phi(z) = 1 - f_{21}z^{-2} = 1 + (f_{11}-1)z^{-1} - f_{11}z^{-2}$$

因此

$$\Phi(z) = z^{-2}$$

$$\Phi_e(z) = 1 - z^{-2}$$

则数字控制器 $D(z)$ 为:

$$D(z) = \frac{\Phi(z)}{G(z)\Phi_e(z)} = \frac{10(1-0.9z^{-1})(1-0.8z^{-1})}{(1-z^{-2})}$$

由此可以导出输出量和控制量的 Z 变换:

$$Y(z) = R(z)\Phi(z) = \frac{z^{-2}}{1-z^{-1}} = z^{-2} + z^{-3} + z^{-4} + \cdots$$

$$U(z) = D(z)E(z)$$

$$= \frac{10(1-0.9z^{-1})(1-0.8z^{-1})(1+z^{-1})}{(1-z^{-2})}$$

$$= 10 - 7z^{-1} + 0.2z^{-2} + 0.2z^{-3} + \cdots$$

3.5.3　最少拍无纹波系统的设计

最小拍控制器的设计中,只是保证在采样点上的稳态误差为零,不能保证在采样点之

间的误差值也为零。在许多情况下,系统在采样点之间的输出会出现纹波。输出纹波不仅会造成误差,使实际控制不能达到预期目的,而且增加了执行机构的功率损耗和机械磨损。

最少拍无纹波系统的设计是在典型输入作用下,经过尽可能少的采样周期后,输出信号不仅在采样点上准确地跟踪输入信号,而且在采样点之间也能准确地跟踪。

系统输出在采样点之间的纹波是由控制量系列的波动引起的,其根源在于控制量的 Z 变换含有非零极点。根据采样系统理论,如果采样传递环节含有在单位圆内的极点,那么这个系统是稳定的,但是极点的位置将影响系统的离散脉冲响应。尤其是当极点的负实轴上或在第二、第三象限时,系统的离散脉冲响应将有剧烈振荡。一旦控制量出现波动,系统在采样点之间的输出就会引起纹波。

最少拍无纹波系统的设计:

对期望闭环脉冲传递函数 $\Phi(z)$ 进行修正,使控制量在稳态不发生波动,即控制输出 $u(k)$ 为常数或是零。

控制输出 $u(k)$ 的 Z 变换为:

$$U(z) = \sum_{k=0}^{\infty} u(k) z^{-k} \tag{3.111}$$

如果系统经过 m 个采样周期到达稳态,那么无纹波控制设计的要求为 $u(m)=u(m+1)=u(m+2)=\cdots=$ 常数或零。

那么

$$G(z) = z^{-d} \frac{B(z)}{A(z)} \tag{3.112}$$

$$U(z) = \frac{Y(z)}{G(z)} = \frac{\Phi(z)}{G(z)} R(z) = \frac{A(z)\Phi(z)}{z^{-d}B(z)} R(z) \tag{3.113}$$

要使控制信号 $u(k)$ 在稳态过程中为常数或零,那么只能是关于 $z-1$ 的有限多项式。因此,$\Phi(z)$ 必须包含 $G(z)$ 的分子多项式 $B(z)$,即 $\Phi(z)$ 必须包含 $G(z)$ 的所有零点。

因此,最少拍控制器设计时,$\Phi(z)$ 应该为:

$$\Phi(z) = z^{-d} B(z) f'(z) = z^{-d} \Big[\prod_{i=1}^{u} (1 - b_i z^{-1}) \Big] f'(z) \tag{3.114}$$

其中,u 表示 $G(z)$ 的所有零点数;b_i 表示 $G(z)$ 的零点。

【例 3.20】 已知被控对象为 $G_C(s) = \dfrac{10}{s(s+1)}$,采用零阶保持器,采样周期 $T=1$ s,试设计当输入信号为单位速度信号时的最少拍数字控制器。

解:广义对象的脉冲传递函数为:

$$G(z) = Z\left(\frac{1-\mathrm{e}^{-Ts}}{s}\frac{10}{s(s+1)}\right) = (1-z^{-1})Z\left[\frac{10}{s^2(s+1)}\right]$$

$$= 10(1-z^{-1})Z\left[\frac{1}{s^2} - \frac{1}{s} + \frac{1}{s+1}\right]$$

$$= 10(1-z^{-1})\left[\frac{z^{-1}}{(1-z^{-1})^2} - \frac{1}{1-z^{-1}} + \frac{1}{1-\mathrm{e}^{-1}z^{-1}}\right]$$

$$= \frac{3.68z^{-1}(1+0.718z^{-1})}{(1-z^{-1})(1-0.368z^{-1})}$$

在单位速度输入下，$R(z) = \dfrac{Tz^{-1}}{(1-z^{-1})^2}$，最少拍控制系统闭环传递函数为：

$$\Phi(z) = 1-(1-z^{-1})^2$$

最少拍数字控制器 $D(z)$ 为：

$$D(z) = \frac{1}{G(z)}\frac{\Phi(z)}{1-\Phi(z)}$$

$$= \frac{1-(1-z^{-1})^2}{\dfrac{0.368z^{-1}(1+0.718z^{-1})}{(1-z^{-1})(1-0.368z^{-1})}(1-z^{-1})^2}$$

$$= \frac{0.543(1-0.5z^{-1})(1-0.368z^{-1})}{(1-z^{-1})(1+0.718z^{-1})}$$

系统的误差为：

$$E(z) = R(z)\Phi_e(z) = R(z)[1-\Phi(z)] = \frac{z^{-1}}{(1-z^{-1})^2}(1-2z^{-1}+z^{-2}) = z^{-1}$$

系统输出序列的 Z 变换为：

$$Y(z) = R(z)\Phi(z) = 2Tz^{-2} + 3Tz^{-3} + 4Tz^{-4} + \cdots$$

输入信号为单位速度信号时（见图 3.18），系统的输出为：

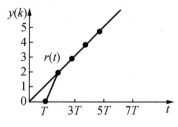

图 3.18　串模干扰示意图

但是当系统输入为单位阶跃信号时，$R(z) = \dfrac{1}{1-z^{-1}}$，最少拍控制系统闭环传递函数为

$$\Phi(z) = 1-(1-z^{-1})^1 = z^{-1}$$

最少拍数字控制器 $D(z)$ 为：

$$D(z) = \frac{1}{G(z)} \frac{\Phi(z)}{1 - \Phi(z)}$$

$$= \frac{z^{-1}}{\dfrac{0.368z^{-1}(1+0.718z^{-1})}{(1-z^{-1})(1-0.368z^{-1})}(1-z^{-1})}$$

$$= \frac{0.272(1-0.368z^{-1})}{(1+0.718z^{-1})}$$

系统的误差为：

$$E(z) = \Phi_e(z)R(z) = (1-z^{-1})\frac{1}{1-z^{-1}} = 1 = z^0 + 0 \cdot z^{-1} + 0 \cdot z^{-2} + \cdots$$

系统输出序列的 Z 变换为：

$$Y(z) = \Phi(z)R(z) = z^{-1}\frac{1}{1-z^{-1}} = z^{-1} + z^{-2} + z^{-3} + z^{-4} + \cdots$$

控制量 $U(z)$ 为：

$$U(z) = D(z)E(z) = \frac{0.272(1-0.368z^{-1})}{1+0.718z^{-1}} \cdot 1$$

$$= 0.272 \cdot z^0 + 0.295 \cdot z^{-1} - 0.27 \cdot z^{-2} + 0.248z^{-3} - 0.227z^{-4} + \cdots$$

输入信号为单位速度信号时（见图 3.19），系统的输出为：

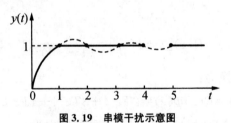

图 3.19　串模干扰示意图

因为控制量在稳态不为恒定值，在非采样点，系统的输出产生纹波。

【例 3.21】　对例 3.18，当输入信号为单位阶跃信号时，进行最少拍无纹波控制器设计。

解：广义对象的脉冲传递函数为：

$$G(z) = \frac{3.68z^{-1}(1+0.718z^{-1})}{(1-z^{-1})(1-0.368z^{-1})}$$

$G(z)$ 中包含 z^{-1} 和零点 -0.718。根据无波纹控制的要求有：

$$\begin{cases} \Phi_e(z) = (1-z^{-1})f_1(z) \\ \Phi(z) = z^{-1}(1+0.718z^{-1})f_2(z) \end{cases}$$

那么有：

$$\begin{cases} \Phi_e(z) = (1-z^{-1})(1+az^{-1}) \\ \Phi(z) = bz^{-1}(1+0.718z^{-1}) \end{cases}$$

由于 $\Phi(z) = 1 - \Phi_e(z)$，

所以，$a=0.418$；$b=0.582$，

最少拍数字控制器 $D(z)$ 为：

$$D(z)=\frac{\Phi(z)}{G(z)\Phi_e(z)}=\frac{0.158(1-0.368z^{-1})}{1+0.418z^{-1}}$$

系统输出序列为：

$$Y(z)=\Phi(z)R(z)=0.582z^{-1}(1+0.718z^{-1})\frac{1}{1-z^{-1}}$$

$$=0.582z^{-1}+z^{-2}+z^{-3}+z^{-4}+\cdots$$

系统的误差为：

$$E(z)=\Phi_e(z)R(z)=(1-z^{-1})(1+0.418z^{-1})\frac{1}{1-z^{-1}}=1+0.418z^{-1}$$

控制量 $U(z)$ 为：

$$U(z)=D(z)E(z)=D(z)\Phi_e(z)R(z)$$

$$=\frac{0.158(1-0.368z^{-1})}{1+0.418z^{-1}}(1+0.418z^{-1})=0.158-0.0581z^{-1}$$

输入信号为单位阶跃信号时（见图 3.20），系统的输出为：

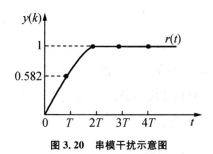

图 3.20　串模干扰示意图

由此可以看出，无纹波系统的调整时间比有纹波系统的调整时间长，增加的拍数等于 $G(z)$ 在单位圆内零点的个数。

在对最少拍无纹波数字控制器进行设计时，需要注意：

（1）为了实现无静差，必须针对不同的输入选择不同的误差脉冲传递函数 $\Phi_e(z)$。通常 $\Phi_e(z)=(1-z^{-1})^q f(z)$。

（2）为了保证闭环系统的稳定性，$\Phi_e(z)$ 的零点应包含广义对象脉冲传递函数 $G(z)$ 中所有不稳定的极点。

（3）为了保证无波纹控制，闭环脉冲传递函数 $\Phi(z)$ 应包含 $G(z)$ 所有零点和滞后因子。

（4）为了实现最小拍控制，$F(z)$ 应尽可能简单。同时 $F(z)$ 的选择必须满足：$\Phi(z)=1-\Phi_e(z)$。

3.5.4　大林算法

计算机测控系统的模拟化设计方法虽然是一种近似方法,但由于使用方便,容易掌握,至今仍然被广泛地采用。但是当采样周期比较大时,将模拟调节器离散化后近似程度很低,会使系统性能比期望的性能差很多,甚至导致系统的不稳定。

如果能运用 Z 变换的数学工具和离散系统的分析方法,在 z 平面直接进行计算机测控系统的设计,则是一种精确设计方法,这便是计算机测控系统的离散化设计方法,也称为直接数字化设计方法。它需要知道被控对象的传递函数,但它能使我们规定输出量所要求的响应特性,是从被控对象的特性出发,直接根据采样理论设计的,可以获得较高的控制质量。

大林算法采用的就是直接数字设计法。对于具有较大纯滞后的被控对象,往往要求系统没有超调量或超调量很小,而允许有较长的调整时间。在许多工业过程中,被控对象一般都具有纯滞后特性,而且经常遇到纯滞后较大的对象,为此在 1986 年,美国 IBM 公司的大林(Dahlin)提出了一种针对工业生产过程中,含有纯滞后对象的控制算法,称之为大林算法。

1) 大林算法的基本形式

按照计算机控制系统直接化设计方法,大林算法根据纯滞后系统的主要控制要求,将期望的闭环系统脉冲传递函数 $\Phi(z)$ 设计为一个带有纯滞后的一阶惯性环节,其纯滞后时间与被控对象的纯滞后时间相同。大林算法的设计目标是设计一个合适的数字控制器 $D(z)$,使整个闭环系统的传递函数 $\Phi(s)$ 相当于一个一阶惯性纯滞后环节,即

$$\Phi(s)=\frac{\mathrm{e}^{-\tau s}}{T_\tau s+1}, \quad \tau=NT \tag{3.115}$$

根据大林算法的设计目标,采用带零阶保持器的 Z 变换方法,对期望的闭环传递函数进行离散化处理,有:

$$\Phi(z)=\frac{Y(z)}{R(z)}=Z\left[\frac{1-\mathrm{e}^{-Ts}}{s}\Phi(s)\right] \tag{3.116}$$

采用零阶保持器,采样周期为 T。系统闭环传递函数为:

$$\Phi(s)=\frac{\mathrm{e}^{-\tau s}}{T_\tau s+1}$$
$$=z\left[\frac{1-\mathrm{e}^{-Ts}}{s}\frac{\mathrm{e}^{-NTs}}{T_\tau s+1}\right]=\frac{(1-\mathrm{e}^{-T/T_\tau})z^{-N-1}}{1-\mathrm{e}^{-T/T_\tau}z^{-1}}, \quad \tau=NT \tag{3.117}$$

大林算法 $D(z)$ 的传递函数为:

$$D(z)=\frac{1}{G(z)}\frac{\Phi(z)}{1-\Phi(z)}=\frac{1}{G(z)}\frac{z^{-N-1}(1-\mathrm{e}^{-T/T_\tau})}{1-\mathrm{e}^{-T/T_\tau}z^{-1}-(1-\mathrm{e}^{-T/T_\tau})z^{-N-1}} \tag{3.118}$$

(1) 当被控对象为带纯滞后的一阶惯性环节。带纯滞后的一阶被控对象的传递函数为：

$$G(s)=\frac{Ke^{-\tau s}}{T_1 s+1}, \quad \tau=NT \tag{3.119}$$

广义被控对象的脉冲传递函数为：

$$G(z)=Z\left[\frac{1-e^{-Ts}}{s}\frac{Ke^{-NTs}}{T_1 s+1}\right]=Kz^{-N-1}\frac{1-e^{-T/T_1}}{1-e^{-T/T_1}z^{-1}} \tag{3.120}$$

将 $G(z)$ 代入 $D(z)$ 中，得：

$$D(z)=\frac{(1-e^{-T/T_\tau})(1-e^{-T/T_1}z^{-1})}{K(1-e^{-T/T_1})\left[1-e^{-T/T_\tau}z^{-1}-(1-e^{-T/T_\tau})z^{-N-1}\right]} \tag{3.121}$$

(2) 被控对象为带纯滞后的二阶惯性环节。带有纯滞后特性的二阶被控对象的传递函数为：

$$G(s)=\frac{Ke^{-\tau s}}{(T_1 s+1)(T_2 s+1)}, \quad \tau=NT \tag{3.122}$$

广义被控对象的脉冲传递函数为：

$$G(z)=Z\left[\frac{1-e^{-Ts}}{s}\frac{Ke^{-\tau s}}{(T_1 s+1)(T_2 s+1)}\right]=Kz^{-N-1}\frac{C_1+C_2 z^{-1}}{(1-e^{-T/T_1}z^{-1})(1-e^{-T/T_2}z^{-1})}$$

$$\tag{3.123}$$

式中，

$$C_1=1+\frac{1}{T_2-T_1}(T_1 e^{-T/T_1}-T_2 e^{-T/T_2})$$

$$C_2=e^{-T(1/T_1+1/T_2)}+\frac{1}{T_2-T_1}(T_1 e^{-T/T_2}-T_2 e^{-T/T_1})$$

将 $G(z)$ 代入 $D(z)$ 中，得：

$$D(z)=\frac{(1-e^{-T/T_\tau})(1-e^{-T/T_1}z^{-1})(1-e^{-T/T_2}z^{-1})}{K(C_1+C_2 z^{-1})\left[1-e^{-T/T_\tau}z^{-1}-(1-e^{-T/T_\tau})z^{-(N+1)}\right]} \tag{3.124}$$

2）振铃现象及消除方法

(1) 振铃现象

按照大林算法设计控制器，如果控制系统的输出在采样点上按照指数形式跟随给定值，但控制量有大幅度摆动，其振荡频率为采样频率的 1/2，这种现象称为振铃现象。它对系统的输出几乎是没有影响的，但会使执行机构因磨损而造成损坏。在有交互作用的多参数控制系统中，振铃现象还有可能影响到系统的稳定性，所以在系统设计中，应该设法消除振铃现象。

由于引起振铃的根源是 $U(z)$ 中含有 $z=-1$ 的极点。极点在 $z=-1$ 处振铃现象最严重，距离 $z=-1$ 越远，振铃现象就越弱。

(2) 振铃幅度 RA

振铃幅度 RA 的定义:控制器在单位阶跃输入作用下,第 0 次输出幅度减去第 1 次输出幅度所得的差值。即

$$RA = u(0) - u(1) \tag{3.125}$$

设

$$G_u(z) = k z^{-n} G'_u \tag{3.126}$$

式中,$G'_u = \dfrac{1 + b_1 z^{-1} + b_2 z^{-2} \cdots}{1 + a_1 z^{-1} + a_2 z^{-2} + \cdots}$。

在单位阶跃输入时,控制器的输出为:

$$
\begin{aligned}
U(z) &= G'_u R(z) \\
&= \frac{1 + b_1 z^{-1} + b_2 z^{-2} + \cdots}{1 + a_1 z^{-1} + a_2 z^{-2} + \cdots} \frac{1}{1 - z^{-1}} \\
&= \frac{1 + b_1 z^{-1} + b_2 z^{-2} + \cdots}{1 + (a_1 - 1) z^{-1} + (a_2 - a_1) z^{-2} + \cdots} \\
&= 1 + (b_1 - a_1 + 1) z^{-1} + (a_2 - b_2 + a_1) z^{-2} + \cdots
\end{aligned}
\tag{3.127}
$$

因此,

$$u(0) = 1, u(1) = b_1 - a_1 + 1$$

所以,

$$RA = u(0) - u(1) = a_1 - b_1$$

① 对于带有纯滞后的一阶惯性环节的被控对象,有:

$$G_u(z) = \frac{\Phi(z)}{G(z)} = \frac{(1 - e^{-T/T_0})(1 - e^{-T/T_1} z^{-1})}{K(1 - e^{-T/T_1})(1 - e^{-T/T_0} z^{-1})} \tag{3.128}$$

$$G'_u(z) = \frac{1 - e^{-T/T_1} z^{-1}}{1 - e^{-T/T_0} z^{-1}} \tag{3.129}$$

其振铃幅度为:

$$RA = a_1 - b_1 = -e^{-T/T_0} + e^{-T/T_1} \tag{3.130}$$

如果选择 $T_0 \geqslant T_1$,则 $RA \leqslant 0$,无振铃现象发生;若选择 $T_0 < T_1$,则有振铃现象发生。

② 对于带有纯滞后的二阶惯性环节的被控对象,有:

$$G_u(z) = \frac{\Phi(z)}{G(z)} = \frac{(1 - e^{-T/T_1} z^{-1})(1 - e^{-T/T_2} z^{-1})}{K C_1 \left(1 + \dfrac{C_2}{C_1} z^{-1}\right)} (1 - e^{-T/T_0} z^{-1}) \tag{3.131}$$

存在极点 $z = -\dfrac{C_2}{C_1}$,且 $\lim\limits_{T \to 0}\left(-\dfrac{C_2}{C_1}\right) = -1$,说明当 T 很小时会产生强烈的振铃现象。

因此,

$$RA = \frac{C_2}{C_1} = -e^{-T/T_0} + e^{-T/T_1} + e^{-T/T_2} \tag{3.132}$$

（3）振铃现象的消除

① 参数选择法：对于一阶滞后对象，如果合理选择期望闭环传递函数的惯性时间常数 T_0 和采样周期 T，使 $RA \leqslant 0$，就没有振铃现象。即使不能使 $RA \leqslant 0$，也可以把 RA 减到最小，最大限度地抑制振铃。

② 消除振铃因子法：找出数字控制器 $D(z)$ 中引起振铃现象的因子（即 $z = -1$ 附近的极点），然后人为地令这个因子中的 $z = 1$，消除这个极点。根据终值定理，这样做不影响输出的稳态值，但却改变了数字控制器的动态特性，从而将影响闭环系统的动态响应。

3）大林算法的设计步骤

具有纯滞后的控制系统往往不希望产生超调，且要求稳定，这样采用直接设计法设计的数字控制器就应注意防止振铃现象。大林算法的一般设计步骤如下：

（1）根据系统性能要求，确定期望闭环系统的参数 T_0，给出振铃幅度 RA 的指标；

（2）根据振铃幅度 RA 的要求，由 RA 的计算式确定采样周期 T，如果 T 有多解，则选择较大的 T；

（3）确定整数 $N = \tau/T$；

（4）求广义对象的脉冲传递函数 $G(z)$ 及期望闭环系统的脉冲传递函数 $\Phi(z)$；

（5）求数字控制器的脉冲传递函数 $D(z)$；

（6）将 $D(z)$ 变换为差分方程，以便于计算机编写相应算法程序。

【例 3.22】 已知被控对象的传递函数为 $G_C(s) = \dfrac{e^{-s}}{3.34s + 1}$。

当 $T = 1$ s，期望闭环传递函数的惯性时间常数当 $T_\tau = 2$ s，试用大林算法，求数字控制器的 $D(z)$。

解： 系统的广义对象脉冲传递函数为：

$$G(z) = z \left[\frac{1 - e^{-Ts}}{s} \frac{e^{-s}}{3.34s + 1} \right] = \frac{0.258\,7z^{-2}}{1 - 0.741\,3z^{-1}}$$

系统的闭环传递函数为：

$$\Phi(z) = z \left[\frac{1 - e^{-Ts}}{s} \frac{e^{-s}}{2s + 1} \right] = \frac{0.393\,5z^{-2}}{1 - 0.606\,5z^{-1}}$$

数字控制器 $D(z)$ 为：

$$D(z) = \frac{\Phi(z)}{G(z)[1 - \Phi(z)]} = \frac{1.521\,1(1 - 0.741\,3z^{-1})}{(1 - z^{-1})(1 + 0.393\,5z^{-1})}$$

单位阶跃输入下闭环系统的输出为：

$$Y(z) = \Phi(z)R(z) = \frac{0.393\,5z^{-2}}{(1 - 0.606\,5z^{-1})(1 - z^{-1})}$$

$$= 0.393\,5z^{-2} - 0.632\,2z^{-3} + 0.776\,9z^{-4} + 0.864\,7z^{-5} + \cdots$$

控制量的 Z 变换为：

$$U(z) = \frac{Y(z)}{G(z)} = \frac{1.522\ 8(1-0.741\ 3z^{-1})}{(1-0.606\ 5z^{-1})(1-z^{-1})(1+0.733z^{-1})}$$

$$= 1.522\ 8 + 1.317\ 5z^{-1} + 1.193z^{-2} + 1.117\ 6z^{-3} + 1.071\ 8z^{-4} + \cdots$$

观察数字控制器 $D(z)$，显然 $z = -0.738$ 是一个接近 $z = -1$ 的极点，它是引起振铃现象的主要原因。在因子 $(1+0.738z^{-1})$ 中令 $z=1$，得到新的 $D(z)$ 为：

$$D(z) = \frac{\frac{1.96}{1.738}(1-0.741z^{-1})}{(1-z^{-1})(1+0.392z^{-1})} = \frac{1.13(1-0.741z^{-1})}{(1-z^{-1})(1+0.392z^{-1})}$$

【例 3.23】 已知被控对象的传递函数为 $G_C(s) = \dfrac{e^{-1s}}{s(s+1)}$。

当 $T = 0.5$ s，试用大林算法，求数字控制器的 $D(z)$。

解： 系统的广义对象脉冲传递函数为：

$$G(z) = z\left[\frac{1-e^{-Ts}}{s} G_C(s)\right] = Z\left[\frac{1-e^{-Ts}}{s} \frac{e^{-1s}}{s(s+1)}\right]$$

$$= z^{-2}(1-z^{-1})Z\left[\frac{1}{s^2} - \frac{1}{s} + \frac{1}{s+1}\right]$$

$$= z^{-2}(1-z^{-1})\left[\frac{0.5z^{-1}}{(1-z^{-1})^2} - \frac{1}{1-z^{-1}} + \frac{1}{1-e^{-0.5}z^{-1}}\right]$$

$$= z^{-3}\frac{0.106\ 5(1+0.847\ 4z^{-1})}{(1-z^{-1})(1-0.606\ 5z^{-1})}$$

根据大林算法，设 $T_\tau = 0.5$ s，则：

$$\Phi(s) = \frac{e^{-1s}}{0.5s+1}$$

$$\Phi(z) = z\left[\frac{1-e^{-Ts}}{s}\Phi(s)\right] = Z\left[\frac{1-e^{-Ts}}{s}\frac{e^{-NTs}}{T_\tau s+1}\right]$$

$$= z^{-N-1}\frac{1-e^{-T/T_\tau}}{1-e^{-T/T_\tau}z^{-1}}$$

因为 $T = 0.5$ s，$T_\tau = 0.5$ s，$N = 2$，所以：

$$\Phi(z) = \frac{0.632z^{-3}}{1-0.368z^{-1}}$$

所求数字控制器 $D(z)$ 为：

$$D(z) = \frac{\Phi(z)}{G(z)[1-\Phi(z)]}$$

$$= \frac{\dfrac{0.632z^{-3}}{1-0.368z^{-1}}}{z^{-3}\dfrac{0.1065\ (1+0.847\ 4z^{-1})}{(1-z^{-1})(1-0.6065z^{-1})}\left(1 - \dfrac{0.632z^{-3}}{1-0.368z^{-1}}\right)}$$

$$= \frac{5.934(1-z^{-1})(1-0.6065z^{-1})}{(1+0.847\ 4z^{-1})(1-0.368z^{-1}-0.632z^{-3})}$$

$D(z)$中,有一个极点 $z=-0.847\,4$,非常靠近 $z=-1$,如果不采用大林算法进行修正系统将会出现振铃现象,因此令:$(1+0.847\,4z^{-1})$中 $z=1$,则:

$$D(z)=\frac{3.212(1-z^{-1})(1-0.6065z^{-1})}{1-0.368z^{-1}-0.632z^{-3}}$$

【例 3.24】　已知被控对象的传递函数为 $G(s)=\dfrac{10\mathrm{e}^{-0.2s}}{s+1}$。当 $T=0.2$ s,试用大林算法,求数字控制器的 $D(z)$。

解:依据题意,可知:$\tau=0.2$ s,$T_1=1$ s,$K=10$,$N=\tau/T=1$,

设期望闭环传递函数为:

$$\Phi_0(s)=\frac{\mathrm{e}^{-0.2s}}{0.1s+1},$$

所求数字控制器 $D(z)$ 为:

$$D(z)=\frac{(1-\mathrm{e}^{-2})(1-\mathrm{e}^{-0.2}z^{-1})}{10(1-\mathrm{e}^{-0.2})[1-z^{-1}\mathrm{e}^{-2}-(1-\mathrm{e}^{-2})z^{-2}]}$$

$$=\frac{0.477\,0(1-0.818\,73z^{-1})}{(1-z^{-1})(1+0.864\,66z^{-1})}$$

由大林算法得到的数字控制器 $D(z)$ 表达式为:

$$D(z)=\frac{0.477\,0(1-0.818\,73z^{-1})}{(1-z^{-1})(1+0.864\,66z^{-1})}$$

可以看出,$D(z)$ 有两个极点:$z=1$ 和 $z=-0.864\,66$。根据对振铃现象的分析,$z=1$ 处的极点不会引起振铃,而 $z=-0.864\,66$ 接近于 $z=-1$,是引起振铃现象的极点。

采用消除振铃因子法消除振铃现象,令其中的 $z=1$,则有:

$$D(z)=\frac{0.477\,0(1-0.818\,73z^{-1})}{(1-z^{-1})(1+0.864\,66z^{-1})}=\frac{0.255\,81-0.209\,4z^{-1}}{1-z^{-1}}$$

习 题 3

3.1　求下列函数的 Z 变换:

　　(1) $y(kT)=2kT$;

　　(2) $y(kT)=2(kT)^2$;

　　(3) $y(kT)=\mathrm{e}^{-kT}$;

　　(4) $y(kT)=(kT)\,\mathrm{e}^{-kT}$。

3.2　求下列函数的 Z 变换:

　　(1) $G(s)=\dfrac{1}{s^2}$;

$$(2)\ G(s)=\frac{1}{s(s+1)};$$

$$(3)\ G(s)=\frac{1}{s^2(s+1)};$$

$$(4)\ G(s)=\frac{1}{s(s+1)(s+2)}.$$

3.3　求下列函数的 Z 反变换：

$$(1)\ G(z)=\frac{z}{z-1};$$

$$(2)\ G(z)=\frac{z}{(z-1)(z-2)};$$

$$(3)\ G(z)=\frac{z+1}{z^2+1};$$

$$(4)\ G(z)=\frac{z}{(z-1)(z-2)^2}.$$

3.4　根据下列离散系统的闭环特征方程，用劳斯判据判断其稳定性。

$(1)\ z^3+2z^2+2z+1=0;$

$(2)\ z^4+2z^3+z^2+z+1=0.$

3.5　已知二阶离散系统特征多项式为：

$$D(z)=z^2+(0.368K-1.368)z+0.368+0.264K$$

试确定使系统渐近稳定的 K 值范围。

3.6　如图所示的线性离散系统，输入为单位阶跃序列。试分析系统的过渡过程。（其中，$a=1$，$K=1$，$T=1$ s）

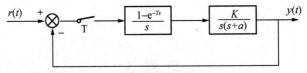

3.7　数字控制器与模拟调节器相比较有什么优点？

3.8　在 PID 控制器中，系数 K_p、K_i、K_d 各有什么作用？

3.9　简述数字控制器的模拟化设计基本思想及设计步骤。

3.10　模拟控制器的离散化方法有哪些？各有什么特点？

3.11　计算机测控系统中，采样周期的选择需要注意什么问题？

3.12　试写出数字 PID 控制的位置式和增量式，比较它们的优缺点。

3.13　试说明 PID 控制器中比例、积分、微分环节的作用。

3.14　什么叫积分饱和？它是怎样引起的？如何消除？

3.15　对 PID 控制器参数整定的目的是什么？试述扩充响应曲线法整定 PID 参数的

步骤。它适用于什么类型的被控对象?

3.16 被控对象的传递函数为:$G(s) = \dfrac{10}{s(0.1s+1)}$,采样周期 $T=1$ s,采用零阶保持器,对单位速度输入信号,按以下要求设计:

(1) 用最少拍无纹波系统的设计方法,设计 $D(z)$,$\Phi(z)$;

(2) 求出数字控制器的输出序列 $U(k)$;

(3) 画出采样瞬间数字控制器的输出和系统的输入曲线。

3.17 大林算法的设计目标是什么? 什么是振铃现象? 振铃现象是如何引起的? 如何消除振铃现象?

3.18 离散控制系统如图 3.15 所示,被控对象为 $G_C(s) = \dfrac{10}{s(s+1)}$,采用零阶保持器,采样周期 $T=0.1$ s,试设计当输入信号为单位速度信号时的最少拍有纹波控制器。

3.19 设被控对象的传递函数为 $G(s) = \dfrac{2}{4s+1}\mathrm{e}^{-3s}$,期望的闭环系统时间常数 $T_0 = 4.5$ s,取采样周期 $T=1$ s,试用大林算法设计数字控制器。

3.20 设被控对象的传递函数为 $G(s) = \dfrac{1}{(2s+1)(s+1)}\mathrm{e}^{-s}$,期望的闭环系统时间常数 $T_0 = 0.1$ s,取采样周期 $T=1$ s,试用大林算法设计数字控制器,判断有无振铃现象。若有,计算振铃幅度,并消除振铃现象。

4　测控系统的软件设计

计算机软件一般由系统软件、应用软件两部分组成。所谓系统软件指计算机控制系统应用软件开发平台和操作平台。系统软件的设置不是为专门应用目的服务的,也不是以支持特殊用户为目的,它是为了使计算机具有通用性而设置的。系统软件主要是为了各类应用软件的开发而提供的软件支持。所谓应用软件是指哪些针对某一特定应用目的而设计与编制的软件,按用途划分可分为监控平台软件、基本控制软件、先进控制软件、局部优化软件、操作优化软件、最优调度软件和企业计划决策软件等。显然测控系统的软件属于应用软件。只要开发出合适的应用软件,才能使计算机完成从"通用"到"专用"的转化,从而使计算机能为各种不同目的的服务。因此,对计算机应用者来说,软件设计任务就是开发出使用特定测控系统的应用软件。只要掌握了应用软件的设计和调试,我们就能主动自由地解决各类开发应用。

应用软件的开发一般涉及应用领域的一些专门知识,测控系统的软件开发也一样。即使面向以测控为目的的应用软件,随着应用环境、技术要求不同,所设计出来的应用软件也是各种各样。因此本次我们主要讨论测控系统软件开发的一些基本问题。

4.1　测控系统软件开发任务与步骤

测控系统软件开发过程主要包含以下几个过程:问题定义;程序设计;程序编码;查错(程序验证);测试(正确性确认);文件编制;维护和再设计。下面对每个过程作简单的介绍。

问题定义是指用任务对系统所提出的要求来描述该任务。在问题定义时,要求设计者决定输入和输出的形式以及速率、处理要求、系统的性能指标(如精度要求、执行之间等),以及出错处理方法等。问题定义为构成一个计算机测控系统建立了系统的概念,并明确了任务对计算机的要求。

程序设计是制定计算机程序的纲要,也就是将所定义的问题用程序的方式进行描述、绘制流程图、结构化程序设计、模块化程序设计和自顶向下设计等,都是此阶段中的有用方法。

程序编码是指用计算机能够直接理解或能进行翻译的形式来具体编写程序。可以用机器语言、汇编语言或某种高级语言。

查错也可以称之为程序验证,是让程序去执行设计规定它应该完成的任务,用以发现编程中出现的错误。在此阶段,可利用诸如断电跟踪、仿真程序以及逻辑分析仪、在线仿真等手段。查错阶段的结束时间是很难规定的,因为人们不可能预计何时才能找到最后的错误。

测试也称为程序正确性确认,用以检验程序是否正确地执行了总的系统任务。查错阶段只能发现在编程过程中的错误,而很难发现系统在总体结构方面、各任务之间的协调配合方面的错误,这方面的错误要依靠测试阶段来发现。在测试阶段,要注意选择正确的测试方法及合适的测试数据(如对于以参数测量为主要目的的系统,可以用加入标准传感器输入信号方法的方法来检验计算机处理后的相应输出是否合乎预想结果)。对于计算机控制系统,可以在采样输入端加入已知的量,然后测试计算机按其控制算法处理后的结果,以证明所设计的控制规律是否真正为计算机来实现。

文本编制是指用流程图、注释和存储器分配说明等方法来描述程序并形成文件,以便于用户和操作人员了解。

维护和再设计是对程序进行维护、改进和扩充。在这一阶段,设计者针对现场运行发现的问题,进一步对系统的应用软件进行改进和完善。为了解决现场出现的问题,需要配置特殊的诊断手段及维护手段。

4.2　测控系统的程序设计

计算机控制系统软件具有实时性强、可靠性高和多功能的要求,控制系统软件应具有合理的系统结构。程序设计是把问题定义转化为程序的准备阶段。对于简单的应用,这个阶段的任务可能仅仅是绘制流程图。但对于复杂的应用任务,需要庞大而复杂的程序,仅仅绘制流程图解决不了具体问题,必须考虑用较为完善的诸如模块化程序设计、自顶向下顺序设计等方法。

4.2.1　软件设计基本原则

计算机控制系统的软件设计必须遵循如下原则:抽象、细化、模块化和信息隐藏。

1) 抽象

抽象是一个系统的简化描述或规范说明。通过抽象可以从具体事物中抽取相对独立的各个方面:如属性、关系等,并能在思维中抽取出事物的本质属性而忽略非本质的或者是与研究内容无关的枝节。

抽象在程序设计中占有重要的地位。在程序设计中,抽象可包括"数据抽象""控制抽象"和"过程抽象"三个方面的内容。描述一个公司员工,可能要说明其工号、姓名、性别、年龄等信息。如果定义一种称为公司员工的构造性数据,使之包含上述的数据项,则无论哪一个公司员工,都可用这种构造性数据来表示,这就是数据抽象。控制抽象可用于描述程序中的各种控制结构,而不考虑其实现细节。过程抽象在程序设计中用于描述程序的逻辑。

2)细化

细化是软件设计中又一条极其重要的原则。一个软件系统,其功能在高层次上的抽象一般可用几句话来概括。当对系统由顶向下进行设计时,第一次可能将它细化为若干子系统,每一个子系统执行一项独立的子功能。再次细化,则每个子系统又可划分为若干模块,每一个模块完成一个或一组确定的任务。由此可见,细化的实质是分解,其目的是分解问题,合理分配给软件的各个模块,以便最终获得软件的总体结构。需要注意的是细化的结果并不是唯一的,不同的设计方法,对于同样的软件需求可能导出不同的软件结构。

3)模块化

模块化主要是对较大的程序的"分而治之",使其每一个部分都变得较易管理,这样就比管理一个庞大的单模块软件容易得多。但有时实时控制软件,由于实时性较高,划分后增加了执行时间和存储容量等,导致实时性下降。在这种情况下,还是可以遵循模块化原则,不过在编码时允许变化,可以写成单模块程序,但实际上仍然能保持模块化程序的优点。

4)信息隐藏

信息隐藏是一个模块内部的数据和过程,将没有必要了解这些数据和过程的其他模块隐藏起来。也就是说,在相互独立的模块之间,只是传递一些必需的信息,对于模块内部的细节,应该限制其他模块访问。这样可以简化模块接口;能够在修改软件时减少出错的机会,便于软件维护。

除了上面4个原则以外,其实还需要遵循一致性、完整性和可验证性等原则。

4.2.2 模块化程序设计

将整个任务按功能分成一系列子任务或模块,这些子任务又可进一步再分成若干个子任务,一直分到最下层的每一模块能相对独立且容易编码时为止。这种方法称为"模块化程序设计"。模块化程序设计具有以下优点:单个模块比一个完整程序易于编写、查错和测试;一个模块有可能在很多地方和其他程序中应用;模块化程序设计有利于程序员之间的任务划分,困难的模块让有经验的程序员去完成,较容易的模块由经验较少的人来编写;将软件维护中可能一个变更的部分,集中放置在一个模块中,以后只需要更改这一个模块就可以,无需修改这个程序;模块化程序更加方便查询错误。因为诊断程序可将错误抽出,并指出在哪一个模块之中;更加有利于掌握软件开发的进程,因为几个模块已完成,还有几个模块没有完成,可以给人以明确的概念。

模块化设计时,模块划分的好坏,直接对后面各阶段的设计产生影响,而模块划分的优劣与设计者的经验有着直接的联系。很难有一个通用的模块划分准则,但下列原则对模块化划分还是有积极意义的：

（1）力图使模块具有通用性。例如代码转换（二进制与十进制相互转换等）子模块，在设计时应该考虑其通用性，因为这类子模块可以为各种不同的程序模块所共有。

（2）要在延时、显示处理和键盘处理等程序模块上多花精力，因为这些程序在其他设计项目或本程序的很多不同地方都是有用的。

（3）力图使各模块在逻辑上没有任何关联，尽量减少各模块之间的信息交流，如发现某些模块间的信息交流量很大，则应重新考虑模块划分的必要性。

（4）对于哪些直接画出整个任务的流程图比划分及装配模块还容易些的简单任务，不要强求模块化。

4.2.3　自顶向下的程序设计法

自顶向下的程序设计是最常用的程序设计法，先从系统一级的管理程序（主程序）开始设计，从属的程序或子程序用一些程序符号来代替。当系统一级的程序编好后，再将各标志扩展成从属程序或子程序，最后完成整个系统的程序。这种设计过程大致可分为以下几步：

（1）写出管理程序并进行测试。尚未定义的子程序用程序符号代替，这些程序符号是一些暂时性的程序，它们可以记录输入，给选定的测试问题提供答案，或者什么都不做。这一步的目的在于检查管理程序在逻辑上的正确性。

（2）对每一个程序符号进行程序设计，使它成为实际的工作程序。这类程序又可能包含若干个子任务，也可以暂时用一些程序符号来代替它们。这种由粗到细的逐级扩展、查错和测试的过程一直进行到所有程序符号都被实际程序取代为止。由于在每一级上都有测试和组装，因此查错及时并且很容易掌握设计的进程。

（3）对最后完成的整个程序进行测试。

自顶向下设计的优点：设计、测试和联接同时按一条线索进行，矛盾和问题可以较早发现并解决。而且测试能够完全按真实的系统环境来进行，不需要依靠测试程序。它可以将程序设计、程序实现、查错与测试几步结合在一起的一种设计方法。自顶向下设计比较适合人们日常的思维习惯，而且研制应用软件的几个步骤可以同时结合进行，因而能提高研制效率。

自顶向下设计的缺点是：

（1）软件总体设计可能与系统硬件不能很好地配合。

（2）不一定能充分利用现有软件。

（3）上一级程序中的错误会对下面所属程序产生严重影响，有时甚至会一处修改，牵动全局。

4.2.4　实时控制程序的结构设计

实时控制程序的结构设计应考虑以下部分：

1）数据采集及数据处理程序

数据采集程序主要包括模拟量和数字量多路信号的采样、输入变换、存储等。数据处理程序主要包括数字滤波程序、线性化处理和非线性补偿、标度变换程序、超限报警程序等。

2）控制算法程序

控制算法程序进行控制规律的计算，产生控制量，包括数字 PID 控制算法、大林算法、斯密斯补偿控制算法、最少拍控制算法、串级控制算法、前馈控制算法、解耦控制算法、模糊控制算法、最优控制算法等。

3）控制量输出程序

控制量输出程序实现对控制量的处理(上下限和变化率处理)、控制量的变换及输出，驱动执行机构或各种电气开关。控制量包括模拟量和数字量(开关量)输出两种。模拟量控制由 D/A 转换模板输出，一般为标准的 $0\sim10$ mA(DC)或 $4\sim20$ mA(DC)信号，该信号驱动执行机构。开关量控制信号驱动各种电气开关。

4）实时时钟和中断处理程序

实时时钟是计算机控制系统一切与时间相关过程的运行基础。时钟有两种，即绝对时钟和相对时钟。

计算机控制系统中很多任务是通过时间来调度，这些任务的触发和撤销由系统时钟来控制，无需操作者直接干预。实时任务有两类：第一类是周期性的，如每天固定时间启动，固定时间撤销的任务；第二类是临时性任务，操作预定好启动和撤销的时间后由系统时钟来执行，但仅一次有效。在系统中建立两个表格：一个是任务启动时刻表；一个是任务撤销时刻表，表格按作业顺序安排。为使任务启动和撤销及时准确，这一过程应由时钟中断子程序来完成。许多实时任务如周期采样、定时显示打印、定时数据处理等都是利用实时时钟来实现的。另外，事故报警、掉电检测及处理等功能的实现都是通过使用中断技术来实现。

5）数据管理程序

数据管理部分程序用于生产管理、主要包括画面显示、变化趋势分析、报警记录、统计报表打印输出等。

6）数据通信程序

数据通信程序主要完成计算机与计算机之间、计算机与智能设备之间的信息传递和交换，这个功能主要在分散型控制系统、分级计算机控制系统、工业网络等系统中实现。

4.3   测控系统的组态软件

4.3.1   组态软件的系统构成

组态软件是指一些数据采集与过程控制的专用软件,它们是在自动控制系统监控层一级的软件平台和开发环境,能以灵活多样的组态方式(而不是编程方式)提供良好的用户开发界面和简捷的使用方法,它很好地解决了控制系统通用性问题。其预设置的各种软件模块可以非常容易地实现和完成监控层的各项功能,并能同时支持各种硬件厂家的计算机和I/O产品,与高可靠的工控计算机和网络系统结合,可向控制层和管理层提供软硬件的全部接口,进行系统集成。

组态软件每个功能相对来说具有一定的独立性,其组成形式是一个集成软件平台,由若干程序组件构成。其中必备的典型组件包括:

1)应用程序管理器

应用程序管理器是提供应用程序的搜索、备份、解压缩、建立新应用等功能的专用管理工具。在自动化工程设计师应用组态软件进行工程设计时,经常会遇到下面一些烦恼:经常要进行组态数据的备份;经常需要引用以外成功应用项目中的部分组态成果;经常需要迅速了解计算机中保存了哪些应用项目。虽然这些要求可以用手工方式实现,但效率低下,极易出错。有了应用程序管理器的支持,这些操作将变得非常简单。

2)图形界面开发程序

图形界面开发程序是自动化工程设计师为实施其工程方案,在图形编辑工具的支持下进行图形系统生成工作所依赖的开发环境。通过建立一系列用户数据文件,生成最终的图形目标应用系统,供图形运行环境运行时使用。

3)图形界面运行程序

在系统运行环境下,图形目标应用系统被图形界面运行程序装入计算机内存并投入实时运行。

4)实时数据库系统组态程序

有的组态软件只是在图形开发环境中增加了简单的数据管理功能,因而不具备完整的实时数据库系统。目前比较先进的组态软件(如力控等)都有独立的实时数据库组件,从而可以提高系统的实时性,增强处理能力。实时数据库系统组态程序是建立实时数据库的组态工具,可以定义实时数据库的结构、数据来源、数据连接、数据类型及相关的各种参数。

5）实时数据库系统运行程序

在系统运行下，目标实时数据库及其应用系统被实时数据库系统运行程序装入计算机内存并执行预定的各种数据计算、数据处理任务。历史数据的查询、检索、报警的管理都是在实时数据库系统运行程序中完成的。

6）I/O 驱动程序

这是组态软件中必不可少的组成部分，用于和 I/O 设备通信，互相交换数据，DDE 和 OPC Client 是两个通用的标准 I/O 驱动程序，用来和支持 DDE 标准和 OPC 标准的 I/O 设备通信。多数组态软件的 DDE 驱动程序被整合在实时数据库系统或图形系统中，而 OPC Client 则多数单独存在。

7）扩展可选组件

扩展可选组件还包含通用数据库接口组态程序、通用数据库接口运行程序、控制策略编辑组态程序和实用通信程序组件等。

4.3.2　组态软件的功能与特点

1）组态软件的功能

组态软件功能一般包含以下几个部分：

（1）强大的画面显示组态功能。

（2）丰富的功能模块。

（3）良好的开放性。

（4）强大的数据库。

（5）可编程的命令语言。

（6）周密的系统安全防范。

（7）仿真功能。

（8）组态软件的控制功能。

（9）网络化、集成化与智能化。

2）通用组态软件特点

（1）延续性和可扩充性。用通用组态软件开发的应用程序，当现场（包括硬件设备或系统结构）或用户需求发生改变时，不需做很多修改而方便地完成软件的更新和升级。

（2）封装性。通用组态软件所能完成的功能都用同一种方便用户使用的方法包装起来，对于用户，不需掌握太多的编程语言技术，就能很好地完成一个复杂工程所要求的所有功能。

（3）通用性。每个用户根据工程实际情况，利用通用组态软件提供的底层设备（PLC、智能仪表、智能模块、板卡、变频器等)的 I/O Driver、开放式的数据库和画面制作工具,就能完成一个具有动画效果、实时数据处理、历史数据和曲线并存、具有多媒体功能和网络功能的工程,不受行业限制。

(4) 实时多任务。例如:数据采集与输出、数据处理与算法实现、图像显示及人机对话、实时数据的存储、检索管理、实时通信等多个任务要在同一台计算机上同时运行。

4.3.3　几种流行的组态软件

国产化的组态软件产品已经成为市场上的生力军,近年来比较有名的产品有组态王、世纪星、力控等,市场占有率逐年提高。国外专业软件公司的组态软件也占据一定的市场份额,主要有:美国 Wonderware 公司的 InTouch、美国 Intellution 公司的 iFIX、澳大利亚 CiT 公司的 Citech 等。下面对市场上的一些主流组态软件进行简单的介绍。

1) iFIX

iFIX 是全新模式的组态软件,思想和体系结构都比其他现有的组态软件要先进一些。使用了很多微软的所谓新技术,太耗费资源,而且经常受微软操作系统影响,具有功能强大的微软标准描述语言,具有标准 SQL/ODBC 接口,直接集成关系数据库及管理系统。真正的实时客户/服务器模式,允许最大的规模可扩展性。

2) InTouch

InTouch 有最好的图形化人机用户界面。InTouch 为以工厂为中心和以操作员为中心的制造信息系统提供了可视化界面,使信息更加容易地在工厂内和不同工厂之间共享。

3) Citech

Citech 是组态软件中的后起之秀,在世界范围内扩展得很快。它的产品控制算法比较好,使用的方便性和图形功能不及 InTouch。I/O 硬件驱动相对比较少,但大部分驱动程序可随软件包提供给用户。Citech 的价格略低于 iFIX 和 InTouch。

4) WinCC

WinCC 是 Siemens 公司开发的较为完备的组态开发环境,Siemens 提供给用户类型 C 语言的脚本,同时提供了调试环境。WinCC 内部嵌入了支持 OPC 的组件,然而 WinCC 的结构比较复杂,用户需要接受 Siemens 的培训才能较好地掌握 WinCC 的应用。

5) 组态王

组态王软件是国内开发较早的软件,界面操作灵活方便,有较强的通信功能。组态王提供用户类似资源管理器的人机主界面,同时具有以汉字为关键字的脚本语言支持。支持的硬件也非常丰富。

6) 力控

力控是一个面向方案的 HMI/SDADA 平台软件。它基于流行的 32 位 Windows 平台,丰富的 I/O 驱动能够连接到各种现场设备。分布式实时数据库系统,可提供访问工厂和企业系统数据的一个公共入口。内置 TCP/IP 的网络服务程序,可以充分利用 Intranet 或 Internet 的网络资源。

习 题 4

4.1　测控系统软件开发的步骤是哪些?

4.2　软件设计需遵循的基本原则是什么?

4.3　简述模块化程序设计方法。

4.4　简述自顶向下的程序设计方法。

4.5　实时控制程序的结构设计由哪些部分组成?

4.6　简述测控系统的组态软件的功能与特点。

5 测控系统的抗干扰技术

5.1 测控系统常见干扰来源与分类

随着各种电气设备的大量增加，在一个测控系统的内部和外部，不可避免地存在着干扰。系统的干扰通常指有用信号以外的各种噪声信号，这些信号往往给系统造成误差，使系统的性能指标下降，严重的使系统丧失正常的工作能力，造成系统损坏，发生事故。干扰特别针对于测控系统本身比较复杂，同时还受到各种恶劣工作环境的影响，因此给解决干扰问题带来了更大的困难。为了保证测控系统可以长期稳定可靠地工作，测控系统中必须采取对应的抗干扰措施。下面首先来介绍测控系统中常见的几种干扰类型。

5.1.1 干扰的来源

1) 空间感应的干扰

空间感应的干扰主要来源于电磁场在空间的传播。例如，输电线和电气设备发出的电磁场，通信广播发射的无线电波，太阳及其他天体辐射出来的电磁波，空中雷电以及火花放电、弧光放电、辉光放电和灯放电现象。

2) 过程通道的干扰

过程通道的干扰常常沿着过程通道进入计算机，主要原因是过程通道与主机之间存在公共地线，要设法削弱和斩断那些来自公共地线的干扰，以提高过程通道的抗干扰能力。过程通道的干扰按照其作用方式，一般分为串模干扰和共模干扰。

3) 电源系统的干扰

电源干扰是指来自供电电源的干扰，如浪涌、尖峰、噪声和断电等。控制用计算机一般由交流电网供电(220 V，50 Hz)，电网的冲击、频率的波动将导致稳压电源的波动，造成干扰，直接影响计算机系统的可靠性和稳定性。

4) 地电位波动的干扰

计算机控制系统分散得很广，地线与地线之间存在一定的电位差。计算机交流供电电源的地电位很不稳定。在交流地上任意两点之间，往往很容易就有几伏至十几伏的电位差存在。

5）反射波的干扰

电信号（电流、电压）在沿导线传输过程中，由于分步电容、电感和电阻的存在，导线上各点的电信号并不能马上建立，而是有一定的滞后，离起点越远，电压波和电流波到达的时间越晚。这样，电波在线路上以一定的速度传播开来，从而形成行波。如果传输线的终端阻抗与传输线的波阻抗不匹配，那么当入射波达到终端时，便会引起反射。同样，反射波达到传输线始端时，如果始端阻抗也不匹配，也会引起新的反射。这种信号的多次反射现象，使信号波形严重地畸变，并且引起干扰脉冲。

5.1.2　干扰的分类

1）按噪声发生的原因分类

（1）放声噪音

主要是雷电、静电、电动机的电刷跳动、大功率开关通断等放电产生的干扰。

（2）高频振荡噪声

主要是中频电弧炉、感应电炉、开关电源、直流-交流变换器等在高频振荡时产生的噪声。

（3）浪涌噪声

主要是交流系统中电动机的启动电流、电炉的合闸电流、开关调节器的导通电流以及晶闸管变流器等设备产生的噪声。

2）按干扰信号的作用方式分类

（1）串模干扰信号

串模干扰信号是指串接于有用信号源回路之中的干扰，也称横向干扰或正态干扰。其表现形式如图 5.1 所示。当串模干扰的幅值与有用信号的接近时，系统就无法正常工作，即这时提供给微机系统的数据会严重失真，甚至是错误的。

产生串模干扰的原因主要是当两个电路之间存在分步电容或磁环链现象时，一个回路中的信号就可能在另一个回路中产生感应电动势，形成串模干扰信号。另外信号回路中元件参数的变化也是一种串模干扰信号。

（2）共模干扰信号

共模干扰信号是指由于对地电位的变化所形成的干扰信号，也称为对地干扰、横向干扰或不平衡干扰。共模干扰示意图如图 5.2 所示，由于计算机的地、信号源放大器的地以及现场信号源的地，通常要相隔一段距离，当两个接地点之间流过电流，尽管接地点之间的电阻很小，也会是对地电位发生变化，形成一个电位差，这个电位差对放大器就产生共模干扰。

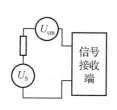

图 5.1 串模干扰示意图

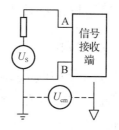

图 5.2 共模干扰示意图

共模干扰与串模干扰相比,容易被忽略而难以处理。在某些情况下,共模信号可能达到几伏甚至更高,完全将有用信号淹没。

共模干扰的影响大都通过串模干扰的方式表现出来,共模干扰产生的原因很多,主要有:

① 通过对地分步电容和漏电导的耦合。

② 同一系统的多点接地点之间形成的电位差。

3）按干扰信号的性质分类

（1）随机干扰信号

随机干扰信号是无规律的随机性干扰信号,如突发性脉冲干扰信号,连续性脉冲干扰信号。

（2）周期干扰信号

属于周期干扰信号的有交流电、啸叫、汽船声等自激振荡。

4）按干扰源的类型分类

（1）外部干扰信号

外部干扰信号是指来源于系统外部,与系统结构无关的干扰源。在工业生产现场的外部干扰源种类繁多,干扰性强,随机性大,主要有电源、用电设备、自然界的雷电、带电的物体等。

（2）内部干扰信号

内部干扰信号是由于系统的结构布局、线路设计、元器件性能变化和漂移等原因所形成的存在于系统内部的干扰信号。

5.2 硬件抗干扰技术

干扰是客观存在的,研究干扰是为了得到性能优良的计算机控制系统。因此,在进行系统设计时,必须要采取各种抗干扰措施,否则,系统将不能正常运行。采用硬件抗干扰措施是经常使用的一种方法,主要通过合理的硬件电路设计来削弱或抑制大部分干扰的影响。根据进入计算机的几个主要途径,解决计算机控制系统干扰问题主要应从电源、接地、长线传输、过程通道及空间干扰等几个方面入手,并结合干扰的耦合方式,来采取相应的措施。

5.2.1　过程通道抗干扰技术

1）共模干扰的抑制

共模干扰主要是不同的地方之间存在共模电压，以及模拟信号系统对地的漏阻抗所产生。共模干扰的抑制方法主要有四种：变压器隔离、光电隔离、浮地屏蔽和具有高共模抑制比的放大器作为输入放大器。

（1）变压器隔离

利用变压器把模拟信号电路和数字信号电路隔离开来，也就是实现了模拟地与数字地的断开，从而使共模干扰电压不成回路，从而抑制了共模干扰。特别需要注意的是，隔离前和隔离后应分别采用两组互相独立的电源，切断两部分的地线联系，如图 5.3 所示。

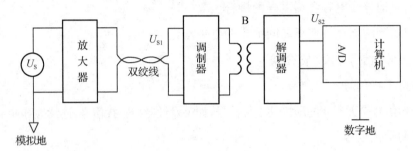

图 5.3　变压器隔离图

脉冲变压器可实现数字信号的隔离。脉冲变压器隔离法在传递脉冲输入/输出信号时，不能传递直流分量。单片机使用的数字量信号输入/输出的控制设备不要求传递直流分量，所以脉冲变压器隔离法在计算机控制系统中也得到了广泛的应用。

（2）光电隔离

光电耦合器是由发光二极管和光敏三极管封装在一个管壳内组成，发光二极管两端为输入信号端，光敏三极管的集电极和发射极分别作为光耦合器的输出端，内部通过光实现耦合。当输入端加电流信号时，发光二极管发光，光敏三极管受光照后因光敏效应而产生电流，使输出端产生相应的电信号，实现了以电为媒介传输信号。由于光电耦合器是靠光来传送信号，两端电路之间没有任何直接接触，因此可以有效地干扰从过程通道进入主机的信号。

在图 5.4 中，模拟信号 U_S 经放大后，再利用光电耦合器的线性区，直接对模拟信号进行光电耦合传输。由于光电耦合器的线性区一般都能在某一个特定范围内，因此应保证被传信号的范围始终在线性区内。为保证线性耦合，既要严格挑选光电耦合器，又要采取相应的非线性校正措施，否则将产生较大的误差。

光电耦合器能够抑制干扰信号，主要是因为它具有以下几个特定：

① 光电耦合器是以光为媒介传输信号的，所以其输入和输出在电气上是隔离的。

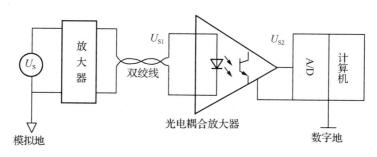

图 5.4　光电耦合图

② 光电耦合器的光电耦合部分在一个密封的管壳内进行,因此不会受到外界光照的干扰。

③ 光电耦合器的输入阻抗很低(一般为 $100\ \Omega \sim 1\ \text{k}\Omega$),而干扰源内阻一般都很大($10^5 \sim 10^6\ \Omega$)。按照分压原理,传送到光电耦合器输入端的干扰电压就变得很小了。

④ 由于一般干扰噪声源的内阻都很大,虽然也能供给较大的干扰电压,但可供出的能量却很小,只能形成很微弱的电流。而光电耦合器的发光二极管只有通过一定的电流才发光,因此,即使电压幅值很高的干扰,由于没有足够的能量,也不能使二极管发光,显然,干扰也被抑制掉了。

⑤ 输入回路和输出回路之间的分步电容非常小,而且绝缘电阻很大,因此,在回路中一端的干扰很难通过光电耦合器传送到另一端去。

光电隔离与变压器隔离相比,实现起来比较容易,成本低,体积也小,因此在计算机控制系统中光电隔离得到了更广泛的应用。

(3) 浮地屏蔽

采用线路平衡或差动放大器可以有效地抑制共模干扰。图 5.5 所示为利用浮地输入双层屏蔽放大器来抑制共模干扰,这是利用屏蔽方法使输入信号的“模拟地”浮空,从而达到抑制共模干扰的目的。

图 5.5 中,Z_f、Z_g 是浮离地、内屏蔽盒外屏蔽之间的绝缘等效阻抗;R_g 是信号传输线屏蔽层两端的等效电阻,信号源的内阻抗很小,可忽略不计。图 5.5(b)所示是该系统的等效电路,共模干扰经两级分压作用于信号输入端,只要保证 $Z_g \gg R_g$,$Z_f \gg (R_2 + Z_2)$,$Z_f \gg (R_1 + Z_1)$,共模干扰的干扰作用就能被抑制到极小的程度。这是抑制共模干扰非常有效的方法。

(4) 采用仪表放大器提高共模抑制比仪表放大器具有共模抑制能力强、输入阻抗高、漂移低、增益可调等优点,是一种专门用来分离共模干扰和有用信号的器件。

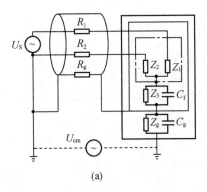
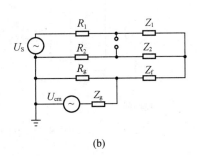

(a)　　　　　　　　　　　　(b)

图 5.5　浮地输入双层屏蔽放大器

2) 串模干扰的抑制

串模干扰是指叠加在被测信号上的干扰噪声。被测信号指有用的直流信号或缓慢变化的交变信号,而干扰噪声是指无用的变化较快的杂乱交变信号。串模干扰和被测信号在回路中所处的地位是相同的,总是以两者之和作为输入信号。串模干扰也称为常态干扰,如图 5.6 所示。图中 U_S 为被测信号,U_{cm} 为干扰噪声。

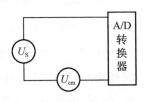

图 5.6　串模干扰示意图

抑制串模干扰应从干扰信号的特征和来源入手,分别对不同情况采取相应的措施。

(1) 如果串模干扰频率比被测信号频率高,则采用输入低通滤波器来抑制高频率串模干扰;如果串模干扰频率比被测信号频率低,则采用高频滤波器来抑制低频串模干扰;如果串模干扰频率落在被测信号频谱的两侧,则应用带通滤波器。

一般情况下,串模干扰信号比被测信号变化快,故常用二级阻容低通滤波网络作为 A/D 转换器的输入滤波器,如图 5.7 所示。它可使 50 Hz 的串模干扰信号衰减到 1/600 左右。该滤波器的时间常数小于 200 ms,因此,当被测信号变化较快时,应适当减小时间常数。

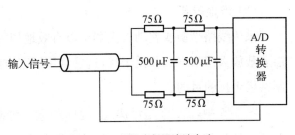

图 5.7　二级阻容低通滤波电路

(2) 对于电磁感应产生的串模干扰,应对被测信号尽可能早的进行信号放大,以提高电路中信号噪声比;或者尽可能早的完成 A/D 转换再进行长线传输;或者采用隔离和屏蔽等措施。

(3) 从选择元器件入手,采用逻辑器件的特性来抑制串模干扰,如采用双积分 A/D 转换器;也可以采用高抗干扰度的逻辑器件,通过提高阈值电平来抑制低频噪声的干扰;此外,也可以人为地附加电容器,以降低某个逻辑器件的工作速度来抑制高频干扰。

（4）利用数字滤波技术对串模干扰进行数据处理，从而有效地滤去难以抑制的串模干扰。

3）长线传输干扰的抑制

计算机控制系统是一个庞大的系统。从生产现场到计算机的连线，再从计算机到生产现场的连线，往往长达几十米，甚至数百米。连线的"长"是相对的，在计算机控制系统中，由于数字信号的频率很高，在很多情况下传输线要按长线对待。

信号的长线传输时会遇到三个问题：一个是长线传输容易受到外界干扰；二是具有信号延迟时，三是高速度变化的信号在长线中传输时，容易出现波反射现象。

当信号在长线中传输时，由于传输线的分布电容和分布电感的影响，信号会在传输线内部产生向前的电压波和电流波，称为入射波；另外，如果传输线的终端阻抗与传输线的波阻抗不匹配，那么当入射波到达终端时，便会引起反射；同样，反射波到达传输线始端时，如果始端阻抗不匹配，还会引起新的反射。这种信号的多次反射，使信号波形失真和畸变，并且引起干扰脉冲。

如何消除长线传输中的波反射或者把它抑制到最低限度，主要有以下三种方法：

（1）终端匹配

为了进行阻抗匹配，必须知道传输线的波阻抗 R_P，波阻抗的测量如图 5.8 所示。用示波器观察门 A 的波形，调节可变电阻 R，当门 A 输出的波形不再产生畸变，说明已经达到了完全匹配，反射波完全消失，即 $R = R_P$，这时的 R 值就是该传输线的波阻抗。在计算机控制系统中，常常采用同轴电缆或双绞线来作为

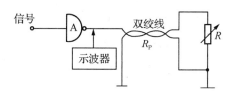

图 5.8　测量传输线波阻抗图

信号线来抑制外界的干扰。同轴电缆的波阻抗大约在 $50 \sim 100\ \Omega$。双绞线的波阻抗大约在 $100 \sim 200\ \Omega$，绞花越密，波阻抗越低。

最简单的终端匹配方法如图 5.9 所示。

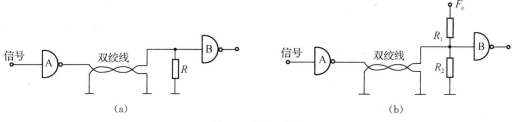

(a)　　　　　　　　　　　　　　(b)

图 5.9　终端匹配图

如果传输线的波阻抗是 R_P，那么当 $R = R_P$ 时，便实现了终端匹配，消除了波反射。此时终端波形和始端波形的形状完全一致，只是时间上稍有滞后。由于终端电阻变低，则加大负

载,使波形的高电平降低,从而降低了高电平的抗干扰能力,但对波形的低电平没有影响。

为了克服上述方法的缺点,可采用图 5.9(b)所示的终端匹配方法。其等效电阻为

$$R = \frac{R_1 R_2}{R_1 + R_2}$$

适当地调整 R_1 和 R_2 的阻值,可使 $R = R_P$,从而实现阻抗匹配。这种电路匹配的优点是波形的高电平下降较少,缺点是低电平抬高,从而降低了低电平的抗干扰能力。为了同时兼顾高电平和低电平抬高少一点,可选取 $R_1 = R_2 = 2R_P$。实际过程中,宁可使高电平低得稍微多一些,而让低电平抬高得少一些,可通过适当调整 R_1 和 R_2,使 $R_1 > R_2$ 但要保证 $R = R_P$。

(2) 始终匹配

在传输线始端串入电阻 R,如图 5.10 所示,也能基本上消除反射,达到改善波形的目的。一般选择始端匹配电阻 R 为

$$R = R_P - R_{sc}$$

式中:R_{sc}——门 A 输出低电平时的输出阻抗。

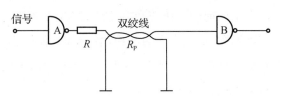

图 5.10 始端匹配图

这种匹配方法的优点是波形的高电平不变,缺点是波形低电平会抬高。其原因是终端门 B 的输入电流 I_{sr} 在始端匹配电阻 R 上的压降所造成的。显然,终端所带负载门个数越多,则低电平抬高越明显。

(3) 采用同轴电缆或双绞线作为传输线

同轴电缆对于电场干扰有较强的抑制作用,工作频率越高。双绞线对于磁场干扰有较好的抑制作用,绞距越短,效果越好。双绞线间的分步电容较大,对于电场干扰几乎没有抑制能力,而且当绞距小于 5 mm 时,对于较强的磁场干扰可以采用屏蔽双绞线。

使用双绞线时,可采用平衡式传输线路和非平衡式传输线路。平衡式传输线路指双绞线的两根线不接地传输信号,这种传输方式具有较好的抗串模干扰能力,外部干扰在双绞线中的两条线中产生对称的感应电动势,相互抵消。同时,对于来自地线的干扰信号也受到很大的抑制。非平衡式传输线路是将双绞线的一根接地的传输方式。在这种方式下,双绞线间电压的一半为同相序分量,另一半为反相序分量。非平衡式传输线路对反相序分量具有很好的抑制作用,但对同相序分量没有抑制作用,因此对于干扰信号的抑制能力较平衡式传输线路要差,但较单根线传输要强。

5.2.2 系统供电与接地技术

1) 系统供电技术

计算机系统的供电结构一般如图 5.11 所示。为了确保系统的可靠运行,要有过压、过流保护措施,并在一些重要应用场合需配有 U_{PS} 不间断电源,保证系统断电时在短时间内将

系统的数据进行备份,防止数据丢失。如果系统断电时间长,需要配备大容量的蓄电池组,保证系统稳定可靠运行。

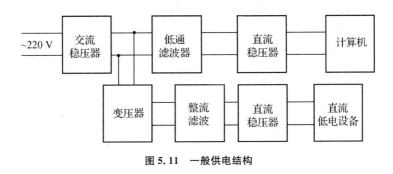

图 5.11　一般供电结构

2) 接地技术

（1）地线分析

接地技术对计算机控制系统来讲非常重要,接地是抑制噪声和防止干扰的主要方法,接地的含义可理解为一个等电位点或等电位面,它是电路系统的基准电位,但不一定为大地电位。不恰当的接地方式可造成很大的干扰,而正确的接地是计算机控制系统抑制干扰的重要手段。

通常接地可分为保护接地和工作接地两大类,保护接地主要是为了避免操作人员因设备的绝缘损坏或下降时受到触电危险和保证设备的安全;而工作接地主要为了保证系统稳定可靠的运行,防止引起干扰。

在计算机控制系统中,大致有交流地、直流地、模拟地、数字地、安全地、信号地和系统地等几种。

直流地是直流电源的地。

交流地是计算机交流供电电源地,即动力线地。它的地电位很不稳定。在交流地上任意两点之间往往很容易有几伏至几十伏的地位差存在,因此很容易带来各种干扰。因此交流电源变压器的绝缘性能要好,以绝对避免漏电现象。

模拟地作为传感器、放大器、变送器、A/D 和 D/A 转换器中模拟地的零电位,模拟信号需与生产现场连接,对精度有要求,并且有时候信号比较小。因此在进行设计过程中要重视模拟地。

数字地作为计算机控制系统中各种数字电路的零电位,应该和模拟地分开,避免模拟信号与数字脉冲之间的干扰。

安全地的目的是使设备机壳与大地等电位,以避免机壳带电而影响人身及设备安全。通常安全地也称为保护地或机壳地,机壳包括机架、外壳、屏蔽罩等。

　　信号地是传感器的地。

　　系统地是指为了给系统各部分提供稳定的基准电位而设计的。这里的接地是指将各单元、装置内部各部分电路信号返回线与基准导体之间的连接。对这种接地的要求是尽量减小接地回路中公共阻抗压降，以减小系统中干扰信号公共阻抗耦合。

　　不同的地线有不同的处理方法，下面介绍几种一般需遵循的接地处理原则和技术：

　　① 数字地域模拟地要分开。

　　② 传感器、变送器和放大器等通常采用屏蔽罩，而信号的传输经常使用屏蔽线。对于这些屏蔽层的接地要特别注意，应该遵守单点接地原则。

　　③ 接地线要尽量加粗。若接地用线很细，接地电位则会随电路的变化而变化，导致计算机的定时信号电平不稳，抗噪声性能变坏。因此，应该加粗接地线，使它至少 3 倍于印刷电路板上的允许电流。

　　④ 单点接地与多点接地的选择。在低频电路中，信号的工作频率一般小于 1 MHz，它的布线和元器件间的电感影响小，而接地电路形成的环流对干扰影响较大，因而屏蔽线尽量采用一点接地；但信号工作频率大于 10 MHz 时，地线阻抗变得很大，此时，应该尽量降低地线阻抗，采用近多点接地法。

　　⑤ 在交流地上任意两点之间，往往容易产生几到几十伏的电位差。因此，交流地绝对不允许与其他几种地相连接，而且交流电源变压器的绝缘性能要好，绝对避免漏电现象。

　　(2) 常用的接地方法

　　① 浮地-屏蔽接地

　　计算机控制系统中，常常使用数字电子装置和模拟电子装置的工作基准地浮空，而设备外壳或机箱采用屏蔽接地。浮地方式控制系统不受大地电流的影响，提高了系统的抗干扰能力。由于强电设备大都采用保护接地，浮空技术切断了强电与弱电的联系，系统运行可靠。而外壳或机箱屏蔽接地，无论从防止静电干扰和电磁干扰的角度，或是从人身设备安全的角度，都是十分有必要的。

　　② 模拟地和数字地的连接

　　在计算机控制系统中，数字地和模拟地都需要分别接地，然后再在一点处把两种地连接起来。否则数字回路通过模拟电路的地线再返回到数字电源，将会对模拟信号产生影响。其连接电路图如图 5.12 所示。

　　③ 一点接地和多点接地

　　在计算机控制系统中，通道的信号频率在 1 MHz 以下时，信号地线的接地方式应采用一点接地，而不采用多点接地。一点接地主要有两种接法：即串联接地（或称共同接地）和并联接地（或称为分别接地），如图 5.11 和 5.12 所示。

　　从防止噪声角度看，串联接地方式是最不适用的。由于地电阻 r_1、r_2 和 r_3 是串联的，所以各电路间相互发生干扰。虽然这种接地方式很不合理,但由于比较简单,用的地方仍然很多。当各电路的电平相差不大时还可以勉强使用;但当各电路的电平相差很大时就不能使用,因为高电平将会产生很大的地电流并干扰到低电平电路中去。使用这种串联一点接地方式时还应注意把低电平电路放在距接地点最近的地方,即图5.13最接近地电位的 A 点上。

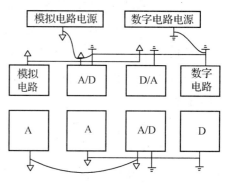

　　并联接地方式在低频时最适用,因为各电路的地电位只与本电路的地电流和地线阻抗相关,不会因地

图 5.12　模拟地和数字地的连接线路图

电流而引起各电路间的耦合。这种方式的缺点是需要连很多根地线,用起来比较麻烦。

　　当通道的信号频率大于 10 MHz 时,应该就近多点接地,布线与元器件间的电感使得地线阻抗变得很大。为了降低地线阻抗,应采用就近多点接地。介于低频与高频之间时,单点接地的地线长不应超过波长的 1/20,可以采用一点接地,否则应采用多点接地。单点接地可以避免形成地环路,地环路产生的电流会引入到信号回路内线形成干扰(见图 5.14)。

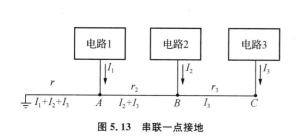

图 5.13　串联一点接地

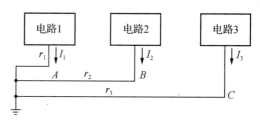

图 5.14　并联一点接地

④ 屏蔽接地

a. 低频电路电缆的屏蔽层接地

电缆的屏蔽层接地应采用单点接地的方式,屏蔽层接地点应当与电路的接地点一致。对于多层屏蔽电缆,每个屏蔽层应在一点接地,但各屏蔽层应相互绝缘。

b. 高频电路电缆的屏蔽层接地

高频电路电缆的屏蔽层接地应采用多点接地的方式。高频电路的信号在传递中会产生严重的电磁辐射,数字信号的传输会严重地衰减,如果没有良好的屏蔽的话,会使数字信号产生错误。一般采用以下原则:当电缆长度大于工作信号波长的 3/20 时,采用工作信号波长的 3/20 的间隔多点接地式。如果不能实现的话,至少需要将屏蔽层两端接地。

c. 系统的屏蔽层接地

当整个系统需要抵抗外界电磁干扰,或需要防止系统对外界产生电磁干扰时,应该将整个系统都屏蔽起来,并且将屏蔽体接到系统地上。

⑤ 印刷电路板的地线技术

在设计印刷电路板时,应该充分合理考虑地线布置,防止电路内部的地线产生干扰。首先应该根据地线需要通过的电流的大小,尽可能加宽地线,降低地线阻抗。并且充分利用地线的屏蔽作用。在印刷电路板边缘用比较粗的地线环包整块板子,并作为地线干线,自板边向中延伸,用其隔离信号线。

⑥ 主机外壳接地但机芯浮空

为了提高计算机的抗干扰能力,将主机外壳作为屏蔽罩接地。而把机内器件架与外壳绝缘,绝缘电阻大于 50 MΩ,即机内信号地浮空,如图 5.15 所示。这种方法安全可靠,抗干扰能力强,但制造工艺复杂,一旦绝缘电阻降低就会产生干扰。

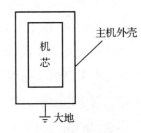

图 5.15　外壳接地 机芯浮空

⑦ 多机系统的接地

在计算机网络系统中,多台计算机之间相互通信,资源共享。如果接地不合理的话,将使整个网络瘫痪。近距离的几台计算机安装在同一机房内,可采用类似图 5.16 那样的多机一点接地方法。对于远距离的计算机网络,多台计算机之间的数据通信,通过隔离的方法把地分开,例如:采用变压器隔离技术、光电隔离技术等。

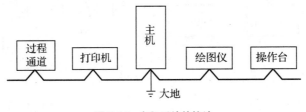

图 5.16　多机系统的接地

5.2.3　CPU 抗干扰技术

1) 自动复位

CPU 抗干扰措施经常采用 watchdog(也称为看门狗)来实现发生故障时的自动复位功能,如 MAX1232 芯片有三种复位时间间隔,其引脚如图 5.17 所示。当 TD 引脚悬空时,复位时间间隔 600 ms;当 TD 引脚接 V_{CC} 时复位时间间隔 1.2 s;当 TD 引脚接地时,复位时间间隔为 150 ms。MAX1232 复位脉冲宽度大于 250 ms,当由于某种干扰使 CPU 陷入死循环时,时间超过复位间隔,

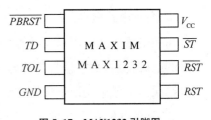

图 5.17　MAX1232 引脚图

看门狗 MAX1232 会自动向 CPU 发出复位脉冲,使 CPU 复位,程序从复位地址 0000H 开始

执行。CPU正常工作时,必须在小于看门狗复位时间间隔内定时间MAX1232第7脚$\overline{ST}$发出负脉冲,表明CPU处于正常工作状态。

2)掉电保护和恢复运行

如果瞬间断电或电压突然下降使计算机测控系统陷入混乱状态,电压恢复正常后,测控系统难以恢复正常。掉电信号由监控电路MAX1232检测得到,加到CPU的外部中断输入端。软件中将掉电中断规定为高级中断,使系统能够及时对掉电做出反应。在掉电中断服务子程序中,首先进行现场保护,把当时的重要状态参数、中间结果、某些专用寄存器的内容转移到专用的有后备电源的RAM中。其次是对有关外设做出妥善处理,如关闭输入输出端口,使外设处于某一个非工作状态等。最后必须在专用的有后备电源的RAM中某一个或两个单元做上特定标记即掉电标记。为保证掉电子程序可以顺利执行,掉电检测电路必须在电源电压下降到CPU最低工作电压之前就提出中断申请,提前时间为几百微秒至几个毫秒。

当电源恢复正常时,CPU重新上电复位,复位后应首先检查是否有掉电标记,如果没有,按一般开机程序执行。如果有掉电标记,不应将系统初始化,而应该按掉电中断服务子程序相反的方式恢复现场,以一种合理的安全方式使系统继续未完成的任务。

3)睡眠抗干扰

在许多计算机测控系统中,CPU并不总是处于忙碌状态。针对这种情况,可以通过执行睡眠指令让CPU进入睡眠状态,这样可以减少受随机干扰的机会,当需要工作时再通过中断系统唤醒它,工作结束后再次进入睡眠状态。通过这样的处理,可以大大降低受干扰的机会。

5.3 软件抗干扰技术

进入计算机测控系统的干扰,其频谱往往很宽,并且具有随机性,采用硬件抗干扰措施只能抑制某个频率段的干扰,仍然会有一些干扰会进入系统。因此,若正确采用软件抗干扰措施,与硬件抗干扰措施构成双道抗干扰防线,无疑可以大大提高计算机测控系统的可靠性。平常经常使用的软件抗干扰措施有输入输出数字量的软件抗干扰技术、指令冗余技术和软件陷阱技术等。

5.3.1 输入输出数字量的软件抗干扰技术

1)开关量信号输入抗干扰措施

在开关量的输入中,由于操作或外界等干扰,会引起状态的变化,造成误判。对于数字信号来讲,干扰信号多呈现毛刺状,作用时间短。我们可以利用这一点,在采集某一数字信号时,可多次重复采集,直到连续两次或两次以上采集结果完全一致才会有效。若多次采集后,信号总是变化不定,可停止采集,给出报警信号;或者在一定采集时间内计算出现高电平、低电平的次数,将出现次数高的电平作为实际采集数据。对每次采集的最高次数限额或连续采样次数可按照实际情况适当调整。

2)开关量信号输出抗干扰措施

当系统受到干扰后,往往使可编程的输出端端口状态发生变化,因此可通过反复对这些端口定期重写控制字、输出状态字,来维持既定的输出端口状态。只要可能,其重复周期尽可能短,外部设备收到一个被干扰的错误信息后,还来不及做出有效的反应,一个正确的输出信息又来到了,就可及时防止错误动作的发生。对于重要的输出设备,最好建立反馈检测通道,CPU 通过检测输出信号来确定输出结果的正确性,如果检测到错误,应及时修正。

5.3.2　指令冗余技术

51 系列单片机指令结构中,操作码是从第一字节开始存放,在操作码后紧跟操作数,操作码在程序存储器中的存放是没有规律的。当单片机受到干扰时,其内部程序计数器 PC 的值会发生变化,而变化后的值也是随机的。由于 51 系列单片机指令长度不超过 3 个字节,当 PC 值改变后,可能会出现三种情况:

(1) PC 值指向一单字节指令,程序自动纳入正轨;

(2) PC 值指向一双字节指令,由于双字节指令有操作数,则有可能将操作数当成操作码执行;

(3) PC 值指向一三字节指令,由于三字节指令有两个操作数,出错的概率增加。

如果 CPU 将程序中的操作数当成操作码执行,那么整个程序将会处于一种失控状态。为了很好地解决这一个问题,可以采用在程序中插入空操作指令的指令冗余技术。由于空操作指令 NOP 是一种单字节指令,并且对计算机的工作状态不会产生影响,这样就可以使失控的程序遇到该指令后,能够调整其 PC 值至正确的位置,使后续的指令得以正确地执行。

空操作指令的插入规则为:

(1) 在跳转和多字节指令前插入,如 *LCALL*、*SJMP*、*LJMP*、*JZ*、*JNZ*、*JB*、*JNB* 和 *DJNZ* 等;

(2) 在中断、堆栈等比较重要的指令前插入,如 RET、RETI、POP 和 PUSH 等;

(3) 每隔一定数目的指令插入;

(4) 根据具体情况,连续插入一至两条指令即可。

指令冗余技术可以减少程序弹飞的次数,但不能保证程序按照正常的顺序执行。当程序从一个模块弹飞到另一个模块时,虽然指令冗余技术可以使程序很快纳入到正常的轨道,但是由于程序已经脱离规定的顺序,因此无法保证程序结果的正确性。

5.3.3　软件陷阱技术

指令冗余技术使弹飞的程序安定下来是有条件的,首先弹飞的程序必须落到程序区,其次必须执行到冗余指令。而软件陷阱是指一条引导指令,可强行将捕获的程序引向一个指定的地址,在那里有一段专门对程序出错后进行处理的程序。如果我们把这段程序的入口标记为 ERR 的话,软件陷阱就是一条无条件转移指令,为了增强捕获效果,一般还需要在它前面加两条 NOP 指令,因此真正的软件陷阱由以下三条指令构成:

NOP

NOP

JMP ERR

软件陷阱一般安排在 4 个地方使用:未使用的中断向量区;未使用的大片 ROM 空间;表格;程序区。

由于软件陷阱都安排在正常程序执行不到的地方,所以不会影响到程序执行效率,在当前 EPROM 容量不成问题的前提下,还是多多益善的。

5.4　容错技术

容错技术是指在软件设计过程中,由于对误操作不予响应的技术。不予响应是指对于操作人员的误操作,如不按照设计顺序则软件不会去输出操作指令,或者输出有关提示操作出错的信息。

要防止软件出错,首先应当严格按照软件工程的要求来进行软件开发,然后搞清楚软件失效的机理并且采取适当的措施。软件实效的机理:由于软件出错引起的软件缺陷。当软件缺陷被激发时会产生软件故障,严重的情况会导致软件失效。因此软件容错的作用是可以及时发现故障,并采用有效的措施来进行限制、减小乃至消除故障的影响,从而防止软件失效的产生。目前软件容错主要有两种基本方法:恢复块方法和 N 文件方法。

实现软件容错有 4 个基本活动:故障检测、损坏估计、故障恢复和缺陷处理。

故障检测是指检查软件是否处于故障状态。这其中有两个问题需要考虑,一个是检测点安排的问题;另一个是判定软件故障的准则。软件故障检测可以从两个方面进行:一个方面检查系统操作是否满意,如果不满意,则表示系统处于故障状态;另一个方面是检查某些特定的可预见的故障是否会出现。

损坏估计是指从故障显露到故障检测需要一定的时间。这期间故障被传播,系统的一个或多个变量会被改变,因此需要继续进行损坏评估,以便进行后续故障恢复。

故障恢复是指软件从故障状态转移到非故障状态。

缺陷处理是指确定有缺陷的软件部件,并采用一定方法将其排除,使软件继续正常运行。排除软件可以有两种方法:替换和重构。

程序在执行过程中,可以看成是由一系列操作构成,这些操作又可由更小的操作构成。恢复块设计就是选择一组操作作为容错设计单元,从而把普通的程序块变成恢复块。一个恢复块包含若个功能相同、设计差异的程序块文本,每一时刻有一个文本处于运行状态。一旦该文本出现故障,则以备件文本加以替换,从而构成"动态冗余"。软件容错的恢复块方法就是使软件包含有一系列恢复块,恢复块的流程如图 5.18 所示。

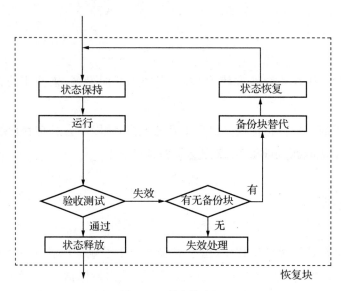

图 5.18　恢复块流程

特别需要注意的是,如果一个软件在某种激励下出现故障,那么其拷贝软件在这种激励下必然会出现故障。故软件的拷贝不能作为软件备件。软件备份只能是功能相同,而内部含有差异的软件模块,因此,软件容错必须以"差异设计"为基础。差异设计就是对一个软件部件,采用不同的算法,由不同的软件程序员,甚至可以用不同的软件开发语言,设计出功能相同但内部结构尽可能不同的多个文本,使这些文本出现相同设计缺陷的概率大大降低,从而达到相互冗余的目的。一般工程中也称之为非相似余度系统。

另外,一个软件部件虽然在某一个特定的输入条件下出现故障,但在绝大多数其他输入条件下仍然可以正常工作,因此与替换故障硬件不同,对软件部件的替换是暂时性的,即故障处理后,被替换的软件部件仍然可以再次投入使用。

目前,在一些工程项目中,为了提高软件的可靠性,经常使用一些实用的方法,如软件固化、建立 RAM 数据保护区等。

软件固化是对调试好的软件,针对它们不同的用途及性质固化在相应类型的只读存储器中。采用软件固化措施可以防止各种偶然因素将程序抹掉丢失,即使停电,它的内容也会保持不变,因此可以提高软件的可靠性。

为了防止程序运行过程中的出错,对重要的输入输出数据开辟 2～3 个存储区进行同时保存,取数时采用多数表决方法,使数据"去伪存真",从而进一步提高数据的可靠性。

采用自诊断程序也是提高计算机软件可靠性的重要方法。所谓自诊断是设计一个程序使它可以对系统进行检查。如果发现错误则自动报告并采取相应措施。这个基本方法是根据被检验的程序功能,事先编好一个程序,使其可以向被检验的程序输入一组常数,把输出值与标准值进行比较,并根据比较的结果进行显示报警。

习 题 5

5.1　什么是串模干扰和共模干扰? 如何抑制?

5.2　数字信号通道一般采取哪些抗干扰措施?

5.3　计算机控制系统中一般有几种接地形式? 常用的接地技术有哪些?

5.4　什么是控制系统中的可靠性? 其含义有哪些?

5.5　噪音有哪些分类?

5.6　干扰的主要类型有哪些? 这些干扰如何对控制系统产生作用?

5.7　什么是数据冗余技术? 什么是指令冗余技术?

5.8　软件方面可以采取哪些抗干扰措施?

5.9　干扰信号进入到计算机控制系统中的主要耦合方式有哪几种? 各有何特点?

6 测控系统中的总线与通信技术

6.1 概述

计算机测控系统中处理器与其他芯片之间、不同功能的电路板之间、不同的设备或部件之间存在着各类数据交换,这些数据交换以总线技术、接口电路和通信协议为基础。随着计算机技术、通信技术、工业控制、仪表技术等技术和行业的发展,目前已经形成了大量的通信接口和协议标准,这些通信接口技术和协议种类繁多,在不同的行业、不同的架构中也会有所不同。本章根据计算机测控系统中控制器的硬件实现不同,从单片机(微控制器)、工业控制计算机、可编程逻辑控制器三类控制器实现的角度展开,分析在工业控制、智能仪表中较为通用的总线扩展技术和协议标准。

6.1.1 基本概念

总线是计算机各种功能部件之间传送信息的公共通道,是由导线组成的传输线束。按照所传输的信息种类,总线可以划分为数据总线、地址总线和控制总线,分别用来传输数据、数据地址和控制信号。在计算机系统中,总线是一种内部结构,它是 CPU、存储器、输入输出设备等部件间传递信息的公用通道,主机的各个部件通过总线相连接,外部设备通过相应的接口电路再与总线相连接,从而形成了计算机硬件系统。

接口电路是计算机之间、计算机与外围设备之间、计算机内部部件之间起连接作用的逻辑电路,接口电路是 CPU 与外部设备进行信息交互的桥梁,可以简单认为接口电路是总线的具体实现。对于输入、输出接口电路也称为 I/O 电路(Input/Output),即通常所说的适配器、适配卡或接口卡。对于接口电路有如下表述:

(1) 接口电路的结构一般由寄存器组、专用存储器和控制电路等三部分组成,当前的控制指令、通信数据以及外部设备的状态信息等分别存放在专用存储器或寄存器组中。

(2) 所有外部设备都必须通过相应的接口电路连接到计算机的系统总线上去。

(3) 通信方式分为并行通信和串行通信。并行通信是将数据各位同时传送,如 8 位、16 位等;串行通信则是数据一位一位按顺序依次传送。在早期一般认为并行通信速度更快,但随着现代技术的发展串行通信的频率越来越高,而且其硬件接口简单,因此串行通信获得了更多的重视和发展,通信速度越来越快,串行通信方式也使用得越来越多。

6.1.2 并行总线扩展技术

并行总线的特征是多位同时传送,因此在同频率时并行总线的传送速度明显高于串行通信,但并行总线需要地址、控制信号等硬件信号进行配合才能完成数据传输,这导致需要更多的信号通道或引脚。而由于成本、信号形式等原因导致并行通信不太适合长距离传输,加上随着串行通信技术的发展,串行通信在速度上也获得了明显提升,所以并行总线扩展技术的应用范围在不断萎缩,但并行总线技术在存储器扩展、系统内部高速数据交换等场合仍有其突出优势。

存储器扩展是并行总线扩展技术典型的应用之一,下文以 MCS-51 单片机扩展外部 RAM 存储器为例来说明并行总线扩展的基本原理。MCS-51 单片机集成了 8 位 CPU、若干数量的 RAM 和 ROM、定时器和输入/输出接口等资源,使用 P0 和 P2 端口共 16 个 I/O 引脚来扩展外部存储器,最大支持 64K 的存储空间扩展,其中 P0 口通过分时复用方式既作为低 8 位地址寻址口也作为数据的输入/输出口使用。6264 是一种 8K×8 的静态存储器,其内部组成和引脚如图 6.1 所示,主要包括存储矩阵、行/列地址译码器以及数据输入/输出控制逻辑电路。A_0 - A_{12} 共 13 位地址线可寻址 $2^{13} = 8K$ 的存储单元。$\overline{CE}$ 为片选信号,输入低电平有效;$\overline{WE}$ 为写允许信号,输入低电平有效,读操作时要求其保持无效;$\overline{OE}$ 为读允许信号,输入低电平有效,即选中单元输出允许,6264 不同工作方式的引脚电平见表 6.1。

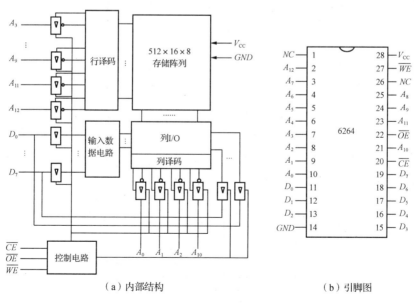

（a）内部结构　　　　　　　　　（b）引脚图

图 6.1　6264 内部结构和引脚排列

表 6.1　6264 工作方式选择

$\overline{WE}$	$\overline{CE_1}$	CE_2	$\overline{OE}$	方式	$D_0 \sim D_7$
×	H	×	×	未选中(掉电)	高阻
×	×	L	×	未选中(掉电)	高阻
H	L	H	H	输出禁止	高阻
H	L	H	L	读	DOUT
L	L	H	H	写	DIN

　　6264 与 MCS-51 单片机的典型接口电路如图 6.2 所示,其工作过程为:第一个周期通过单片机指令发送地址到 P0、P2,第二个周期根据控制指令完成数据的读取或存储。在 P0 口和 6264 的低 8 位地址引脚之间增加锁存器 74LS373,目的是固定整个读写过程中低 8 位地址处于有效状态,因为在第二个周期时 P0 口作为数据传输的端口,已不能再起到固定地址的作用。更一般地,读写过程可概括为:地址的输出锁定、控制信号的控制和数据的传输三部分,分别由数据总线、控制总线和数据总线三部分在完成,因为引脚的限制,多数处理器会进行某些引脚的分时复用,因此需要增加锁存器来固定地址信息,当然对于比较特别的处理器如某些数字信号处理器(DSP)三总线是完全独立的,这类的处理器就不需要增加额外的锁存器。

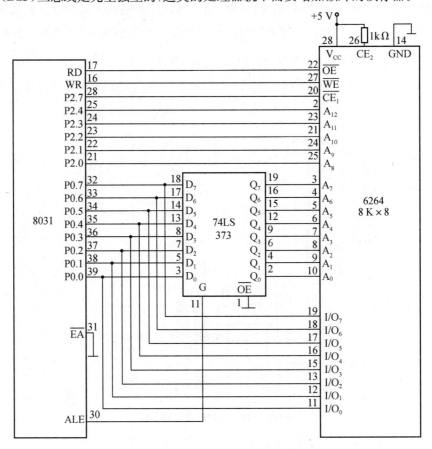

图 6.2　6264 与 MCS-51 单片机的接口电路

6.1.3　串行通信技术

从上节并行总线的扩展电路可以看出,并行总线动辄需要数十根连接线,存储或访问的单元越多相应地地址总线的引脚数会越多,这在一些场合特别是远距离传输的场合从成本、负载能力角度看并行数据传输已不太现实。串行总线是一位一位地传输,通常是根据一定的协议格式把地址、控制和数据等三类信息均作为数据进行传输,接收方再按同样的协议进行解码,执行操作的具体信息。从电信号传输的角度看,串行通信需要参考电平线、数据发送或接受线、时钟线等几根传输导线即可完成基本传输功能。因此串行通信相对并行通信在传输通道上更节约,适合相对较远距离的传输,不过由于需要在收发两端按照一定的格式和协议来,所以其解码程序或硬件逻辑上会更复杂。

简单分析串行通信的过程,需要进行一些考量:在处理器内部数据的处理和传输基本都是以并行的方式,而串行是按位为序逐一进行传输的,这就存在并行数据和串行位数据之间的互相转换,即并-串转换。并-串转换典型的实现方法为移位寄存器思路,接收方则需要反向串-并的转换。显然发送方和接收方应该按照相同的节奏进行收发,如果不一致,比如发一位,接收方认为是两位,那数据就完全错乱了,这时的串行通信就毫无意义。这种所谓的"节拍"一般有两类实现思路,一种是发送和接受双方内部有独立的"打拍器",常称之为波特率发生器,通过设置使双方的节拍一致;另一种是由通信的主导方通过独立的时钟线输出某一频率的时钟信号,通信的另一方的时钟引脚接受该信号,并按照主导方的"节拍"完成串行通信。除串并转换、"节拍"等概念外,串行通信仍有一些基本概念需要掌握,如同步通信、异步通信等。

异步通信是按帧(一般在 8 位左右)传输的。每个帧均由起始位作为收、发双方的同步信号,由于单次传输位数较少,基本不存在累积误差,因此不会因收发双方的时钟频率的小的偏差导致通信错误。异步通信的特点是:每帧内部的各位均采用固定的时间间隔,而帧与帧之间的间隔是随机的。接收机完全靠每一帧的起始位和停止位来识别字符当前是正在进行传输还是传输结束,其典型的帧格式如图 6.3 所示。

| 起始位 | D_0 | D_1 | … | D_N | 奇偶校验位 | 停止位 |

图 6.3　异步通信的帧格式

异步通信由于需要在每帧数据前后增加起始位和停止位,如果发送的字符为 8 位,则相当于每帧数据只有 80% 是有效数据,传输数据的效率较低。在需要高速串行通信的场合除了提高工作频率"节拍"以外,另一个方法就是提高传送的效率。同步通信是去掉起始位和停止位,增加帧长度把要发送的数据按一定的顺序组成一个数据帧,然后增加同步字符和校验字符组合成一帧数据,其结构如图 6.4 所示。同步字符位于帧结构的开始,使发收双方建立同步,此后便在同步时钟的控制下逐位发送或接收,校验字符一般为 1～2 个字节,位于帧结构末尾,用于接收端对接收到的数据字符进行正确性验证,典型的校验算法有 CRC 校验。假设同步通信一次传输的数据 n 为 97 字节,则其数据传输有效率达到 97%,很显然这相对同频的异步通信其有效的通信速度明显提高。同步通信的单次传送数据量较大,因此要求时钟信号严格同步,要求较高。简单比较,异步通信相对简单,应用范围广;同步通信传输数据效率更高,适用于高速率、数据量大的场合,硬件相对复杂。

图 6.4　同步通信的数据帧格式

串行通信根据通信的方向选择分为单工、半双工和全双工三种模式。如果在通信过程的任意时刻,信息只能由一方 A 传到另一方 B,则称为单工;如果在任意时刻,信息既可由 A 传到 B,又能由 B 传 A,但某一时刻只允许一个方向上的传输存在,称为半双工传输;如果在任意时刻,线路上存在 A 到 B 和 B 到 A 的双向信号同时传输,称之为全双工。

以上简单分析了总线通信和扩展中的的一些基本概念,在工程应用中的总线通常都会遵循一定的标准,不同行业、不同领域中其主流标准并不一致,在不同的控制核心中其关注的标准也不一样。如以微控制器(单片机)为核心的智能仪器或控制系统中,在控制板的设计上可能会更多关注到芯片级的串行通信技术如 SPI、I2C 等,在和外部其他设备的通信中会使用 RS-232、RS-485 等通信接口;以工业控制计算机扩展数据板卡的形式来搭建测控系统,在选型时会考虑 PCI、PCI-E 等总线接口的数据采集卡;在以可编程逻辑控制器 PLC 为中心的控制系统中,可能会更多考虑采用 MODBUS、PROFIBUS、工业以太网等通信协议。三类不同的控制器实现方式在涉及总线、通信上有各自的特点,但也有共同之处。

6.2　芯片之间的串行总线技术

在自行设计电路板的智能仪器和控制系统中,通常会涉及存储器芯片、模数转换器等各类功能芯片的扩展,这其中既有采用并行总线方式,也有串行方式。并行扩展基本是根据功能进行引脚的连接,其软件相对较为简单;串行扩展的硬件更为简单,因此使用越来越多,较为典型的芯片之间的串行总线标准有 SPI、I2C 等。

6.2.1　SPI

SPI(Serial Peripheral Interface)串行外围设备接口,是 MOTOROLA 公司推出的一种三线同步全双工串行接口技术。SPI 占用引脚数量少,速度可达到 50 Mbps 甚至更高可满足多数应用要求,因此越来越多的单片机、ADC 等芯片配置了 SPI 接口,SPI 的典型结构如图 6.5 所示。

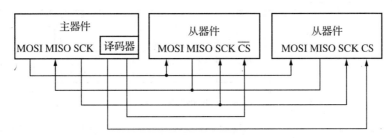

图 6.5 SPI 总线的典型连接

SPI 以主从方式工作,这种模式通常有一个主设备和一个或多个从设备,由于 SPI 的数据中不包含地址信息,因此需要额外增加地址或控制线来选择当前工作的从设备。SPI 芯片一般会具有 MOSI、MISO、SCK、CS 四个基本引脚。

(1) MISO——主设备数据输入,从设备数据输出;

(2) MOSI——主设备数据输出,从设备数据输入;

(3) SCK——时钟信号,由主设备产生;

(4) CS——从设备使能信号,由主设备控制,通过该引脚的选择可以使得多设备通信成为可能。

SCK 引脚提供时钟脉冲,MOSI 和 MISO 基于此脉冲节拍完成数据传输。数据输出在时钟上升沿或下降沿时改变,在紧接着的下降沿或上升沿被另外一个设备读取。SCK 信号仅能由主设备发出,从设备不能控制时钟线。在一个基于 SPI 的通信中,至少有一个主控设备。需要注意的是,不同的 SPI 设备实现细节并不完全相同,SPI 更多是一个事实标准而非强制性的法规标准,不同之处主要是数据改变和采集的时间不同,在时钟信号上沿或下沿采集有不同定义,具体需要参考所使用器件的数据手册。

SPI 总线也存在一些缺点比如没有指定的流控制,没有应答机制确认是否接收到数据,但这些可以通过用户程序中增加反馈的方式来弥补。

6.2.2 I2C

I2C(Inter-Integrated Circuit)总线协议是由 PHILIPS 公司推出的两线式串行通信总线,主要用于连接微控制器及其外围设备,最初应用于音频和视频设备之中,如今广泛应用于各种嵌入式应用系统中。

I2C 串行总线是一种双向两线制的串行数据传输标准总线。包括:一根双向的数据线 SDA,一根时钟线 SCL。所有接到 I2C 总线上的设备的串行数据都接到 SDA 线,各设备的时钟线接到 SCL。相对 SPI 而言,每个接到 I2C 总线的设备都有一个唯一的地址及其识别机制,因此 I2C 所需引脚数量更少,但由于数据输入输出均通过唯一的 SDA 线,通信是半双工的。I2C 总线的设备连接如图 6.6 所示。

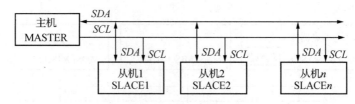

图 6.6　I2C 的典型连接

I2C 总线在传送数据过程中共有三种特殊类型信号,分别是开始信号、结束信号和应答信号,如图 6.7 所示。

开始信号:SCL 为高电平时,SDA 由高电平向低电平跳变,开始传送数据。

结束信号:SCL 为高电平时,SDA 由低电平向高电平跳变,结束传送数据。

应答信号:接收器在接收到 8 位数据后,在 SCL 高电平期间向发送器发出特定的低电平脉冲,表示已收到数据。

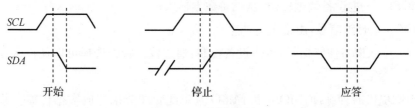

图 6.7　I2C 的典型信号

正常数据传输时,SDA 线上的数据在 SCL 时钟"高"期间必须是稳定的,以区别开始和停止条件。只有当 SCL 线上的时钟信号为低时,数据线上的"高"或"低"状态才可以改变。输出到 SDA 线上的每个字节必须是 8 位,每次传输的字节不受限制,每个字节必须有一个应答为 ACK,ACK 由从机发出。I2C 的传输过程如图 6.8 所示。

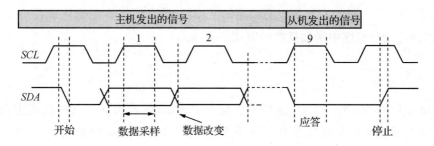

传输1字节数据的时序图

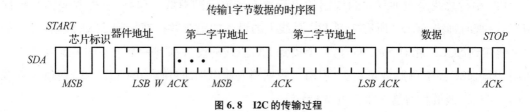

图 6.8　I2C 的传输过程

在图 6.8 中,第 1 位为 $START$(开始位),后接一个控制字节(7 位器件地址和 1 位写信号(W)),1 位 ACK(由从机发出);紧接着为 2 字节的目标存储器的内部存储地址,每个地址均有 1 位 ACK(由从机发出);然后,传输 1 个字节数据和 1 位 ACK(由从机发出);最后由主控设备发出 STOP(停止位)。由此结束一次数据传输过程。

6.3 板卡之间的总线技术

基于工业控制计算机的测控系统特别是数据采集系统中,如虚拟仪器系统通常会采用板卡扩展的方式来增加模拟量和数字量输入/输出通道,这些板卡可以来自不同的厂家,只要它们遵循同样的标准接口即可组成系统一起工作。这些总线从 ISA 到 PCI、PXI 再到 PCI-E 等不断地在发展,目前使用较多的有 PCI、PCI-E 和 PXI 等,从应用的角度看,了解不同总线标准的差异有助于性能的评估和选型。

6.3.1 ISA

ISA(Industrial Standard Architecture)工业标准结构总线,颜色一般为黑色,比 PCI 接口插槽要长些。ISA 在 1981 年诞生时是作为 IBM PC 的 8 位总线系统,16 位的 ISA 总线在 1984 年发布,8 位的 ISA 总线频率为 4.77 MHz,而 16 位的工作在 8 MHz。由于 ISA 设计出来的目的是为了连接主板和扩展卡如显卡、声卡和网卡等,因此 ISA 的协议允许总线控制。8 位 ISA 的接口如图 6.9 所示。

ISA 总线信号主要分为以下几类:

(1)基本信号,用于总线工作的最基本的信号,通常有复位、时钟、电源、地线等。

(2)访问信号,用于访问数据的地址、数据线以及相应的应答信号。

(3)控制信号,ISA 总线控制主要有中断和 DMA 请求两种方式。中断方式时由 ISA 卡发出中断请求而取得软件的控制权;DMA 请求方式则在 DMA 控制器响应请求后,由 DMA 控制器代为管理总线的控制,或者与 MASTER 信号配合取得 ISA 总线的真正控制权。

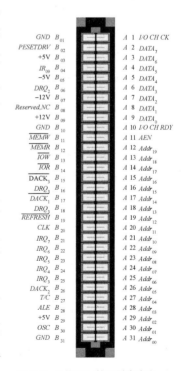

图 6.9 8 位 ISA 接口引脚定义

图 6.10　PCL-813B 数据采集卡

PCL-813B 是研华早期推出的一款基于 ISA 总线的 12 位 32 路 A/D 数据采集卡,其外形如图 6.10 所示,它能够对每路模拟量输入提供电压保护,是工业测量和监控的理想解决方案。该卡采用四层 PCB 制造,提供了 32 路模拟输入量和 2 个 DC/DC 转换器。每路模拟量输入的增益都可以通过软件设置。采用光电隔离技术在模拟量输入和 PC 之间提供了 500V 的直流隔离保护,能够防止 PC 机外设被输入线上的高电压损坏。

ISA 总线的缺点是 CPU 资源占用太高,数据传输带宽太小。目前除了一些特殊工业使用以外,ISA 已经不再使用了,而且现在的主板也都不带 ISA 接口。尽管 ISA 已经几乎没人使用了,但以它为基础的其他总线依然被应用。如 PC-104 就是一种派生自 ISA 的扩展接口,目前仍被用于工业和嵌入式系统,这种接口利用与 ISA 相同的信号传输线连接不同的连接器。

6.3.2　PCI

PCI (Peripheral Component Interconnect) 是 Intel 公司于 1991 年推出的用于定义局部总线的标准。此标准允许在计算机内安装多达 10 个遵从 PCI 标准的扩展卡。最早提出的 PCI 总线工作在 33 MHz 频率之下,传输带宽达到 132 MB/s,相比 ISA 总线在速度、位宽等方面都得到了明显提升。随着对更高性能的要求,后来把 PCI 总线的频率提升到 66 MHz,传输带宽能达到 264 MB/s。1993 年又提出了 64bit 的 PCI 总线,称为 PCI-X。目前广泛采用的是 32-bit、33 MHz 或 32-bit、66 MHz 的 PCI 总线,64bit 的 PCI-X 插槽更多是应用于服务器等主机上。从结构上看,PCI 是在 CPU 和原来的系统总线之间插入的一级总线,由一个桥接电路实现对这一层的管理,并实现上下层之间的接口以协调数据的传送。管理器提供信号缓冲,能在高时钟频率下保持高性能。根据实现方式不同,PCI 控制器可以与 CPU 一次交换 32 位或 64 位数据,它允许 PCI 辅助适配器利用一种总线主控技术与 CPU 并行地执行任务。PCI 也支持多路复用技术,即允许一个以上的电子信号同时存在于总线之上。不同类型的 PCI 接口如图 6.11 所示。

PCI-1706U 是研华公司推出的基于 PCI 总线接口的多通道多功能数据采集卡,如图 6.12 所示。内置 8K 的 FIFO 采样存储器,每个通道高达 250 K/s 连续采样能力。当需要多于 8 通道的模拟量输入采集时,可以通过端对端技术实现多片采集卡的同步工作。此外,PCI-1706U 还有两个 12 位 DA 输出通道、16 位数字量输入/输出通道以及两个 32 位的硬件定时器/计算器,硬件定时器在时序产生、信号发生等相比软件定时更精确可控。

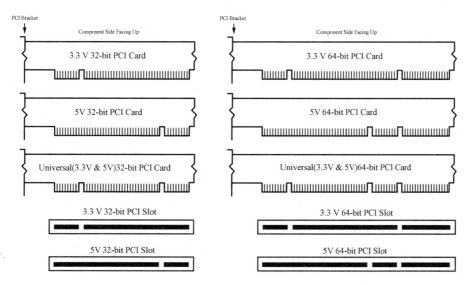

图 6.11 不同类型的 PCI 接口

PCI 总线支持即插即用,当板卡插入系统时,系统会自动对板卡所需资源进行分配,如基地址、中断号等,并自动寻找相应的驱动程序。而不像老的 ISA 板卡,需要进行复杂的手动配置。在 PCI 板卡中,有一组寄存器,叫"配置空间"(Configuration Space),用来存放基地址、内存地址以及中断等信息。以内存地址为例,当上电时板卡从 ROM 里读取固定的值放到寄存器中,对应内存的地方放置的是需要分配的内存字节数等信息。操作系统要根据

图 6.12 PCI-1706U 数据采集卡

这个信息分配内存,并在分配成功后把相应的寄存器中填入内存的起始地址,这样就不必手工设置开关来分配内存或基地址了,对于中断的分配也与此类似。

PCI 支持中断共享,ISA 的一个重要局限在于中断是独占的,而计算机中的中断源只有十余个,系统已经占用掉一些,这样当有多块 ISA 卡要用中断时就会难以分配。PCI 总线的中断共享由硬件与软件两部分组成。硬件上,采用电平触发的办法;软件上,采用中断链的方法:假设系统启动时,发现板卡 A 用了中断 7,就会将中断 7 对应的内存区指向 A 卡对应的中断服务程序入口 ISR_A;然后系统发现板卡 B 也用中断 7,这时就会将中断 7 对应的内存区指向 ISR_B,同时将 ISR_B 的结束指向 ISR_A。以此类推,就会形成一个中断链。而当有中断发生时,系统跳转到中断 7 对应的内存,也就是 ISR_B。ISR_B 就要检查是不是 B 卡的中断,如果是则进行处理,并将板卡上的拉低电路放开;如果不是,则呼叫 ISR_A。这样就完成了中断的共享。

PCI 总线的优点是结构简单、成本低,缺点是当连接多个设备时,总线有效带宽将大幅

降低,传输速率变慢;为了降低成本和尽可能减少相互间的干扰,需要减少总线带宽,或者地址总线和数据总线采用复用方式设计,这样降低了带宽利用率。

6.3.3 PCI-E

PCI Express(简称 PCI-E)是电脑总线 PCI 的一种,它沿用了 PCI 编程理念和通信标准,主要区别是将原先 PCI 底层并行通信改为串行通信方式。PCI-E 只需修改物理层及配合底层驱动程序而无需修改上层软件就可将现有 PCI 系统转换为 PCI-E。PCI-E 拥有更快的速率,可以替换几乎全部现有的内部总线(包括 PCI)。Intel 是 PCI-E 的主要支持者,它希望将来系统中能用一个 PCI-E 控制器统一和所有外部设备交流的协议标准,鉴于 Intel 的影响力,PCI-E 应该会成为下一阶段的主流计算机内部总线标准。目前不仅在显卡等计算机常用功能板卡多数采用 PCI-E 接口,而且在数据采集等仪器、工业控制领域的多数设备供应商也推出了基于 PCI-E 的数据采集卡,如 NI 公司推出了多款基于 PCI 的数据采集卡。

6.3.4 PXI

PXI (PCI extensions for instrumentation) 是由 NI 公司主要倡导和发布的基于计算机的测量和自动化平台,而非单纯的总线结构,包括了电气和机械的连接整套标准。PXI 结合了 PCI 的电气总线特性与 CompactPCI(紧凑 PCI)的坚固性、模块化及 Eurocard 机械封装的特性发展成适用于试验、测量与数据采集场合应用的机械、电气和软件规范。制订 PXI 规范的目的是为了将台式 PC 的性能价格比优势与 PCI 总线面向仪器领域的必要扩展完美地结合起来,形成一种主流的虚拟仪器测试平台。PXI 的高性能、低成本可用于多种领域,例如制造测试、军事和航空、机器监控、汽车和工业测试。PXI 于 1997 年开发,并在 1998 年发布,其公开的工业标准由 PXI 系统联盟(PXISA)管理。该联盟由 70 多家公司组成,它们共同推广 PXI 标准,确保 PXI 的互通性,并维护 PXI 规范。

一个 PXI 系统跟常见的工业控制计算机类似,通常会包含一个机箱、一个 PXI 背板和系统控制器以及数个外设功能模块组成。如图 6.13 所示为一典型的 PXI 系统,系统控制器即 CPU 模块位于机箱的左边第一槽,其右方的扩充槽位可以让用户依照自身的需求而插上不同功能的仪器模块。PXI 系统配置具有较高的灵活性,其系统控制器即 CPU 模块也可由外部计算机担任。

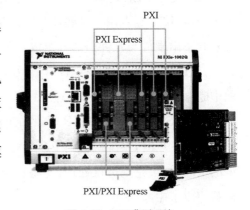

图 6.13 PXI 典型系统

6.4 设备之间的接口和协议

在分布式系统中,控制层和现场层往往不在同一位置,甚至间隔还比较远,当现场设备和控制单元之间需要进行数据交换,因为通信距离在数米到几千米甚至更远,并行通信基本不能适应,故远距离通信基本都会选择串行通信的方法。在传输介质上既有采用传统的金属电缆,也有采用光纤和无线通信等方式。从距离上来区分,几米到十米范围的较多采用 RS-232C,几百米左右采用 RS-485,更远的往往选选择采用光纤或 RS-485 增加中继器的方式来实现。RS-232C、RS-485 等规定的是电信号层面的标准,并不涉及具体的通信协议,而工业以太网、CAN、Modbus 和 Profibus 等协议标准对通信协议层面进行了规范。

6.4.1 RS-232C 和 RS-485

RS-232C 是美国电子工业协会 EIA(Electronic Industry Association)制定的一种串行物理接口标准。RS 是英文"推荐标准"的缩写,232 为标识号,C 代表版本号。RS-232C 总线标准设有 25 条信号线,包括一个主通道和一个辅助通道,早期是为电话系统而设计和规范。RS-232C 串口连接器使用较多的有 9 针和 25 针两种标准,目前使用较多的 9 针引脚定义见表 6.2,外形如图 6.14 所示。从引脚功能可以看出多数引脚均

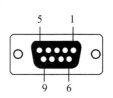

图 6.14 DB9 插头

有当时用于电话交换控制的痕迹,实际上目前很多场合只使用其中的 TXD、RXD 和 GND 三个引脚用来作为串行通信使用。

表 6.2 RS-232C 9 针引脚定义

引脚	简写	功能说明
1	CD	载波侦测
2	RXD	接收数据
3	TXD	发送数据
4	DTR	数据终端设备
5	GND	地线
6	DSR	数据准备好
7	RTS	请求发送
8	CTS	清除发送
9	RI	振铃指示

RS-232C 标准规定驱动器允许有 2 500 pF 的电容负载,通信距离将受负载电容限制,例如当采用 150 pF/m 的通信电缆时,最大通信距离为 15 m;若每米电缆的电容量减小,通

信距离可以增加。传输距离短的另一原因是 RS-232 属单端信号传送,存在共地噪声和不能抑制共模干扰等问题,因此一般用于十米以内的通信,具体通信距离受转换芯片、通信速度、线缆参数和环境等多因素的影响。

RS-232C 采用负逻辑电平,-3 V～-15 V 为逻辑"1"电平,+3 V～+15 V 为"0"电平。这种电平与单片机等控制器的 TTL 电平标准不同,因此当单片机扩展 RS-232C 接口时需要进行 TTL 和 RS-232C 电平的转换,这类转换可以使用专用的 RS-232C 转换芯片完成,如 MAX232。

RS-485 是采用两线、半双工的多点通信的标准。它的电气特性和 RS-232 不一样,用缆线两端的电压差值(即差分信号方式)表示逻辑信号,逻辑"0"以两线间的电压差为-2 V～6 V 表示,逻辑"1"以两线间的电压差为+2 V～+6 V 表示。

与 RS-232C 比较,RS-485 可以提供更高的数据通信速率(10 m 时 35 Mbit/s;1 200 m 时 100 Kbit/s),也可以进行长距离传输(超过 1 200 m)。RS-485 接口组成的半双工网络,一般是两线制,多采用屏蔽双绞线传输。这种接线方式为总线式拓扑结构,在同一总线上最多可以挂接 32 个节点。在 RS-485 通信网络中一般采用的是主从通信方式,即一个主机带多个从机,连接 RS-485 通信链路时只是简单地用一对双绞线将各个接口的"A""B"端连接起来,施工非常方便。

RS-485 和 RS-232 一样,仅仅规定了接收端和发送端的电气特性,都没有规定通信协议。RS-485 和单片机等连接时,由于电平和信号表达方式不一致,也需要转换芯片来进行电信号的匹配,典型的如 MAX485。

6.4.2　Modbus

RS-232 和 RS-485 的通信方式在电气层面已能满足多数场合的串行通信需求,但它们并不包含具体的通信协议。在工程中如果系统的软硬件均自行设计可以自订通信协议,但这并不符合多数工程项目的现状,因为工程设计中对开发时间、成本和系统整合等原因必然会或多或少的采购其他产品,这时候选择一个行业内使用广泛、且符合技术要求的通信协议将会有利于项目的实施。回顾工控行业的发展,可以发现行业中较为知名的厂商基本都尝试过推出自己的通信总线协议和标准及配套产品,导致各类协议标准种类繁多,估计多达上千种,但大浪淘沙,能在行业中生存下来并获得广泛使用的并不是太多。

Modbus 是由 Modicon(现为施耐德电气公司的一个品牌)在 1979 年发明的,是全球第一个真正用于工业现场的总线协议。Modbus 网络是一个工业通信系统,由带智能终端的可编程序控制器和计算机通过公用线路或局部专用线路连接而成。其系统结构包括硬件和软件,可应用于各种数据采集和过程监控。

Modbus 协议是主从站通信协议,除主站外最多可接 247 台从站,但实际受线路负载能力和通信时效等限制,可能少于此数量。所有主从站的波特率、校验规则等参数应严格一致,Modbus 协议可使用 ASCII、RTU 两种模式。Modbus 的收发过程是主机发出命令帧(由从站地址、功能码、数据起始地址和数据数量以及 CRC 校验码等几部分组成),处于监听状态的从机当监测到命令帧中的地址与自己地址相同时,开始接收其后的功能码等信息,根据功能码及相应的数据读取或设置从站内的相应寄存器、数字量 I/O 口等操作。从站根据执行的情况向主站反馈应答信息,即回复包含从站地址、功能码、数据长度、具体数据和 CRC 校验码等信息的应答帧。

Modbus 具有以下几个特点:

(1) Modbus 是开放、免费的协议,具有多个版本能适应不同的通信需求。

(2) Modbus 可以支持多种电气接口,如 RS - 232C、RS - 485 等,还可以在各种介质上传送,如双绞线、光纤、无线等。

(3) Modbus 的帧格式简单、紧凑,通俗易懂。用户使用容易,厂商开发简单,能方便地在单片机中实现,这也是 Modbus 在仪器仪表行业广泛使用的原因之一。

在对速度有着更高要求以及需要与以太网平台融合的场合,Modbus 还有 TCP 版本,其本质是将 RTU 或 ASCII 协议封装成 TCP 报文运行于以太网平台上。

6.4.3　现场总线

国际电工委员会 IEC 对现场总线的定义为:现场总线是一种应用于生产现场,在现场设备之间、现场设备和控制装置之间实行双向、串形、多节点的数字通信技术。目前很多工控仪表上广泛使用的通信协议都可以纳入到现场总线的范畴,包括原先不在现场总线标准中的,如 Modbus 现在也已经部分纳入到现场总线标准。随着技术的发展,区分是普通的通信协议还是现场总线或是工业以太网,已无太大意义。狭义的现场总线是指国际电工委员会在 IEC 61158 中规范的总线标准,其定义了现场总线的基本规范以及具体的总线标准,如 Profibus、CAN、基金会 FF、LonWorks 和 Devicenet 等现场总线。

1) CAN 总线

CAN (Controller Area Network)总线最早是为汽车应用而提出的,现在也广泛应用在仪器仪表上。CAN 是在 1990 年代初所制定的规格,并在 1993 年标准化(ISO 11898 - 1),被广泛地应用在各种车辆与电子设备上。CAN 具有高可靠性、高效率和实时性的特点,具备调试和优先权判别的机制,在这样的机制下,网络消息的传输变得更为可靠而有效。CAN 也能提供多主机的架构,特别适合使用在主系统或子系统下提供更完整的智能网络设备,如感测器、驱动器。

CAN 是基于信息导向传输协议的广播传输机制上的一种协议标准。CAN 定义信息的内容,利用消息识别子(message identifier,每个 message identifier 在整个网络中皆为独一无二的)来定义内容和信息的优先顺序,以进行信息的传递。并非使用指派特定站台地址(station address)的方式。这样的机制使得 CAN 拥有了高度的弹性调整能力,可以在既有的网络中增加站台而不用在软硬件上作修正与调整。除此之外,信息的传递不是建构在特殊种类的站台上,增加了在升级网络时的便利性。CAN 总线的特点可概括如下:

(1) CAN 为多主方式工作,网络上任一节点均可在任意时刻主动地向网络上其他节点发送信息,而不分主从。

(2) 在报文标识符上,CAN 上的节点分成不同的优先级,可满足不同的实时要求,优先级高的数据最多可在 $134\mu s$ 内得到传输。

(3) CAN 采用非破坏总线仲裁技术,当多个节点同时向总线发送信息出现冲突时,优先级较低的节点会主动地退出发送,而最高优先级的节点可不受影响地继续传输数据,从而大大节省了总线冲突仲裁时间。尤其是在网络负载很重的情况下,也不会出现网络瘫痪情况。

(4) CAN 节点只需通过对报文的标识符滤波即可实现点对点、一点对多点及全局广播等几种方式传送接收数据。

(5) CAN 的直接通信距离最远可达 10 km(速率 5 kbps 以下),通信速率最高可达 1 Mbps(此时通信距离最长为 40 m)。

(6) CAN 上的节点数可达 110 个。在标准帧报文标识符有 11 位,而在扩展帧的报文标识符(29 位)的个数几乎不受限制。

(7) 报文采用短帧结构,传输时间短,受干扰概率低,保证了数据出错率极低。CAN 的每帧信息都有 CRC 校验及其他检错措施。

(8) CAN 节点在错误严重的情况下具有自动关闭输出功能,以使总线上其他节点的操作不受影响。

此外,从 CAN 总线的提出之初,西门子、摩托罗拉、飞利浦等公司就推出了 CAN 总线的控制芯片,使得协议实现部分变得简单且方便和单片机等相连,这为 CAN 总线的实现和推广提供了很好的条件。

2) Profibus 总线

Profibus 的历史可追溯到 1987 年联邦德国开始的一个合作计划,此计划由西门子等十四家公司及五个研究机构参与,目标是要推出一种串行现场总线,用以满足工厂生产控制自动化的基本需求。

Profibus 中最早提出的是 Profibus FMS,FMS 是一个复杂的通信协定,为要求严苛的通信任务所设计,适用在车间级通用性通信任务。1993 年提出了架构更简单、速度也提升许多的 Profibus DP。Profibus FMS 是用在 Profibus 主站之间的非确定性通信。Profibus DP 主要是用在 Profibus 主站和其远端从站之间的确定性通信,但仍允许主站及主站之间的通信。

目前的 Profibus 可分为两种,分别是使用更多的 Profibus DP 和用在过程控制的 Profibus PA。

Profibus DP(分散式周边设备,Decentralized Peripherals)用在工厂自动化的应用中,可以由中央控制器连接传感器和执行器。

Profibus PA(过程自动化,Process Automation)应用在过程自动化系统中,可适用于防爆区域。因为使用网路供电,一个 Profibus PA 网路所能连接的设备数量也就受到限制。Profibus PA 的通信速率为 31.25 kbit/s。Profibus PA 使用的通信协定和 Profibus DP 相同,只要有转换装置就可以和 Profibus DP 网路连接,由速率较快的 Profibus DP 作为网路主干,将信号传递给控制器。在一些需要同时处理自动化及程序控制的应用中就可以同时使用 Profibus DP 及 Profibus PA。

现场总线的标准非常多,有的标准仅在某个行业或某个国家和区域使用较多。不同的供应商主推的现场总线标准并不一样,因此现场总线的选择不是单纯的总线问题,其实更是系统方案的问题,往往也决定了成本,所以需要全盘考虑。

6.4.4 工业以太网

工业以太网是一个泛指,通常指在工业环境的自动化控制及过程控制中应用以太网的相关组件及技术。虽然工业以太网让工业通信时有标准的硬件接口,但在通信协议上存在着许多不兼容的通信协议,其数据封装在以太网的数据帧,因此像路由器或网络交换器不会因这些不兼容的协议而有所影响。工业以太网采用 TCP/IP 协议,与 IEEE 802.3 标准兼容,但在应用层会加入各自特有的协议。有些标准如 Modbus,已经由其原始版本派生出可以运行在工业以太网上的版本。而 Profibus 也发展其兼容于以太网的协议 PROFINET。其他的协议如 EtherNet/IP,只开发以太网传输层的部分。工业以太网的协议可以封装在 TCP 的数据帧内,使得处理上更标准化,但在主机和从机上都需要和 TCP 兼容的通信协议栈。

以太网在工业上的应用需要有实时的特性,许多以太网的相关技术可以使以太网适用在工业应用中。由于利用标准的以太网,提升了工厂内不同供应商设备间的互连性,以太网的市场很大,相关组件的成本也较低、容易获取,因此工业以太网的成本也可以下降,而性能也可以随着以太网技术的进步而提升。

由于工业以太网应用在工业环境下,其对振动、温度、湿度和电磁干扰的适应要求都比一般的 IT 产业设备工作条件更严苛。因此在设备选型时应根据使用场合使用相应认证的工业级设备,而不应为降低成本选择一般的民用级商品。

习 题 6

6.1　测控系统的总线可从哪些不同的角度分类,列举出每类的常用代表总线并说明其特点。

6.2　思考各类总线的流行程度与哪些因素有关?

6.3　使用标准总线的好处有哪些?

6.4　以单片机为核心自行设计的分布式测控系统中,分布在不同地方的模块之间选择何种总线标准更合适、更好实现? 说明理由。

6.5　查阅资料分析西门子、施耐德等公司目前主推的总线标准有哪些? 并说明其技术特点。

7 计算机测控系统设计方法与工程实例

7.1 计算机测控系统的设计方法

7.1.1 计算机测控系统的生命周期

任何产品都有生命周期,计算机测控系统也不例外。产品生命周期理论是美国哈佛大学教授雷蒙德·弗农 1966 年在其《产品周期中的国际投资与国际贸易》一文中首次提出的。产品生命周期(product life cycle)是产品的市场寿命,即一种新产品从开始进入市场到被市场淘汰的整个过程。弗农认为:产品和人的生命一样,要经历形成、成长、成熟、衰退这样的周期。就产品而言,也就是要经历一个开发、引进、成长、成熟、衰退的阶段。而这个周期在不同的技术水平的国家里,发生的时间和过程是不一样的。典型的产品生命周期一般可以分成四个阶段,即介绍期(或引入期)、成长期、成熟期和衰退期。

1) 第一阶段:介绍(引入)期

指产品从设计投产直到投入市场进入测试阶段。新产品投入市场,便进入了介绍期。此时产品品种少,顾客对产品还不了解,除少数追求新奇的顾客外,几乎无人实际购买该产品。生产者为了扩大销路,不得不投入大量的促销费用,对产品进行宣传推广。该阶段由于生产技术方面的限制,产品生产批量小,制造成本高,广告费用大,产品销售价格偏高,销售量极为有限,企业通常不能获利,反而可能亏损。

2) 第二阶段:成长期

当产品进入引入期,销售取得成功之后,便进入了成长期。成长期是指产品通过试销效果良好,购买者逐渐接受该产品,产品在市场上站住脚并且打开了销路。这是需求增长阶段,需求量和销售额迅速上升。生产成本大幅度下降,利润迅速增长。与此同时,竞争者看到有利可图,将纷纷进入市场参与竞争,使同类产品供给量增加,价格随之下降,企业利润增长速度逐步减慢,最后达到生命周期利润的最高点。

3) 第三阶段:成熟期

指产品走入大批量生产并稳定地进入市场销售,经过成长期之后,随着购买产品的人数增多,市场需求趋于饱和。此时,产品普及并日趋标准化,成本低而产量大。销售增长速度缓慢直至转而下降,由于竞争的加剧,导致同类产品生产企业之间不得不加大在产品质量、花色、规格、包装服务等方面加大投入,在一定程度上增加了成本。

4）第四阶段：衰退期

是指产品进入了淘汰阶段。随着科技的发展以及消费习惯的改变等原因,产品的销售量和利润持续下降,产品在市场上已经老化,不能适应市场需求,市场上已经有其他性能更好、价格更低的新产品,足以满足消费者的需求。此时成本较高的企业就会由于无利可图而陆续停止生产,该类产品的生命周期也就陆续结束,以致最后完全撤出市场。

产品生命周期是一个很重要的概念,它和企业制定产品策略以及营销策略有着直接的联系。管理者要想使他的产品有一个较长的销售周期,以便赚取足够的利润来补偿在推出该产品时所做出的一切努力和经受的一切风险,就必须认真研究和运用产品的生命周期理论。产品生命周期的提出更多是从经营者的角度看待产品的产生到消失的过程。从技术开发者的角度来分析这一周期,对应不同阶段技术层面的工作侧重点也不一样,技术开发相应地也存在相应的周期。

在产品的介绍（引入）期是计算机测控类产品技术开发工作的重点,大部分技术研发工作都集中在这一阶段；成长期是计算机测控类产品不断改进的阶段；成熟期,此时技术工作进入稳定时期,工作量很小,但此阶段通常会关注新需求、新技术和新产品的开发,做好技术储备；衰退期,这一阶段已经到了必须考虑产品换代的问题了,否则将会可能被市场所淘汰。计算机测控类产品通常可以分为定制型和通用型两类。定制型产品更多集中在技术要求实现的过程,因此其研发过程从技术角度考虑更具代表性,具体过程可分为：技术、成本等要求分析、沟通和确定→可行性分析→技术方案的提出→详细的软硬件开发→调试验证,当然其开发过程并非单向不可逆的,每一步都可能存在反馈和修改。

7.1.2　计算机测控系统的共性要求

计算机测控系统由于面向对象常为工业领域甚至国防等重要行业,系统的工作环境相对较为恶劣,而且一旦出现故障其所产生的后果和损失更加严重,因此在进行计算机测控系统和产品研发时要重点考虑一些共性要求：

1）可靠性要求

工业环境相比一般的办公和家庭环境要恶劣得多,如更复杂、更强的电磁干扰,各种环境因素如震动、潮湿、大温差和粉尘等都会对测控系统造成影响。如果系统未能进行充分的针对性设计,就无法保证其可靠性,而一旦发生故障,轻则造成系统精度降低、功能失灵或停机,更严重的时候会产生事故,导致人身伤亡、重大经济损失和负面社会影响等。计算机测控系统的可靠性首先取决于方案的合理性,在方案设计时应考虑系统工作环境的特殊要求,针对性地进行设计；其次在详细设计中，需要做到细节考虑完善、器件选择合理、参数计算匹配等；第三，要进行足够的测试，包含功能和逻辑的测试以及环境模拟测试等。

2）良好的可操作性要求

计算机测控系统的自动化程度有高有低，但总是不可避免地需要人工操作、干预和维护，因此在操作上提出了方便使用的要求。操作性好在日常使用上更多关注的是系统的人机界面，应便于操作和获取信息；在一些需要按照一定顺序操作的系统中，控制逻辑甚至人机界面的安放位置等都应考虑现场设备的情况，让操作顺心应手。在维护上，应方便维修和日常检测，比如采用模块化设计，既便于设计时的调试，也便于出现故障采用简单的排除法、更换法进行，节省时间。

3）成本和时间要求

成本优势是产品的多种优势之一，脱离成本进行产品开发和设计在绝大部分领域是不现实的。在满足计算机测控系统的功能、精度、抗干扰、环境适应性等要求的情况下，应尽可能地减少成本支出。但需要注意的是成本的考虑不应简单地理解为元器件或硬件的价格，还需要考虑生产、测试和认证等费用。

任何项目都会对研发时间提出要求，减少开发和上市前的时间消耗，实际上也是一种成本的降低，时间的延误甚至会导致整个项目或产品的失败。节省或缩短时间可以从多个方面采取措施，如合理的人员配备和分工，模块化的设计方法，尽量采用通用标准和协议以便于采购成品模块或部件等。

7.1.3　计算机测控系统的研发步骤

计算机测控系统的研发需要遵循一定的步骤，每一步有不同的侧重点，主要可分为需求分析、设计方案的确定、详细开发设计、调试和测试等工作阶段。

1）需求分析

需求分析主要是确定系统具体的功能、性能指标、人机界面的操作方式、接口的标准以及其他约束性的条件，如成本控制的范围、工作环境条件等。需求分析并非纯粹技术性的工作，应在项目的管理决策层和技术管理层之间做好充分沟通，避免由于技术人员和管理人员的认知不同，导致需求分析确认的要求偏离实际的需求和情况。

根据测控系统或产品面向的对象不同可以分为定制（工程项目）类和面向市场销售的通用产品，定制类产品需要和外单位确认需求分析，而面向市场销售的通用产品则主要基于市场分析确认产品定位。不管哪类产品的需求分析都应全面翔实，形成需求分析的书面报告，作为今后技术开发的指导文件。

　2）确定方案

　　方案设计是对需求分析中确定的各种要求在技术层面的统筹设计,需要在做好技术可行性分析的基础上将需求中的各种参数、功能、限制性要求等落到实处,是承上启下的关键一步。方案设计时通常有如下工作需要完成。

　　(1) 确定计算机测控系统的结构和通信方式。根据系统中测量对象和控制对象的分布范围、规模等确定是采用集中式还是分布式结构,是独立式还是上下位机的;在分布式系统中还需分析数据量及响应速度等,确定采用何种通信介质以及通信协议。

　　(2) 确定控制器的具体实现以及各类部件的选型以及成本分析。如是选择工控机还是PLC,抑或采用单片机等自行设计控制板等。控制器的选型通常根据系统结构、性能要求和成本等来确定,在控制器选择后涉及后续部件的选型。

　　(3) 确定数据处理的算法和控制算法,如数据采集中采用何种滤波算法,控制中采用何种控制算法,是单回路还是多变量等。这些需要根据系统控制对象、现场干扰等因素的特征来综合确定。

　　(4) 形成方案报告。在方案报告中一般会要求描述(相对需求分析中应更技术化表达)、系统结构分析、算法选择、各部件具体选型和实现方式、输入输出通道清单等内容。

　3）详细设计

　　详细设计过程简单来说就是将方案设计中内容变成实物化的样机。对计算机测控系统而言,一般分为软件设计和硬件设计,可以同步或交叉进行。

　　对于基于工控机、PLC的计算机测控系统而言,硬件设计主要是确认接口参数、存储空间、通信协议、输入输出通道数等是否能匹配工作,完成电气原理图设计和布线等;对于基于单片机等控制器的,在硬件设计上需要根据功能要求设计各个模块的电路原理图,并进行印刷电路板设计和制作。

　　软件设计和硬件设计配套,两种不同硬件架构下的软件设计有着不同的特点。基于工控机和PLC的会更关注逻辑层面的功能实现,而基于单片机的还需关注底层的时序、协议等的实现。

　4）调试和测试

　　调试和详细设计是紧密关联在一起的,调试是计算机测控系统投入运行前的关键步骤。调试应根据先简单后复杂、先开环后闭环等原则进行,做好必要的安全措施,逐个调试基本功能,然后再小局部直到最后整体调试,在进行控制效果调试时应先轻载再逐步满载。

　　测试是在基本功能调试完毕的基础之上人为采用模拟极限环境、增加干扰或模拟故障等手段进行压力测试。此外,某些产品根据客户或使用行业的要求,可能还需通过一些标准认证,如3C认证,此类认证测试通常寻求第三方进行认证前的准备,根据模拟认证的情况对不达标的部分进行改进。

7.2　计算机测控系统的控制器选型

　　这里的控制器是指计算机测控系统中执行逻辑处理、数学运算、事务管理和数据存储等功能的"计算机",并非控制理论里所讲的控制算法。这里的"计算机"是广义的计算机,并非都是类似有 CPU、主板、硬盘驱动器和显示器的个人计算机,像工业控制计算机、可编程逻辑控制器 PLC 和单片机以及智能调节器等都是测控系统中常用的计算机。在一个测控系统中可能会有多个或多种不同类型的计算机相互配合共同完成系统的控制工作。

7.2.1　工业控制计算机

　　工业控制计算机(Industrial Personal Computer,IPC)简称工控机,其基本架构和个人计算机类似,一般也由 CPU、硬盘、内存、外设等组成,操作系统等软件和个人计算机也基本通用。不同的地方:一是在组成形式上,如典型的工控机采用背板形式,CPU、显示驱动、数据采集、通信接口等都做成插卡的形式安装在背板上;二是在可靠性设计上,要求较高的工控机常做成冗余系统,典型的如电源冗余,另外在结构、外壳等做工用料以及在抗电磁干扰等方面都相比普通的个人计算机均由明显的强化设计以适应工业环境。当然需要注意的是,在一些面向定位要求较低场合使用的工控机,由于成本控制等方面的考虑其和普通个人计算机的外观区别已不是太明显,主要是接口以及认证等方面。图 7.1 和 7.2 为典型的工业控制计算机外形和内部结构。

图 7.1　工业控制计算机外形　　　　　图 7.2　工业控制计算机内部结构

　　在进行工控机选型时,除了根据计算性能、存储容量、显示区大小等需求选择合适的 CPU 平台、硬盘驱动器大小和显示器外,比较关键的对模拟量、数字量输入/输出通道的数量、分辨率、采样速度等的选型,这部分常是以数据采集卡的形式出现,因此还需关注数据采集卡的总线接口标准是否与工控机背板的接口匹配。工控机相对后面几种控制器其明显的优势是计算性能、存储功能、扩展功能和人机界面等。常用的工控机品牌有研华、西门子等，可以根据需要选择不同的配置、不同安装形式的工控机，因为总线的通用化、标准化，数据采集卡和工控机可以选择不同厂商的产品。

当选用工业控制计算机作为控制器的时候，在硬件选型确定后，其主要工作更多在软件的层面，开发语言或软件通常为如下三类：一是采用通用的高级语言，如 C 语言，此种方法相对工作量较大且较为繁琐；二是基于虚拟仪器软件的开发，如 LabVIEW，一般面向数据采集和处理的时候此种方法会更有优势，图形化编程、大量现成的控件和算法可直接使用，开发周期短；三是采用组态软件开发监控软件，如西门子的 WinCC、亚控的组态王，当系统采用工业控制计算机＋PLC 的上下位机或分布式系统时，采用组态软件进行开发会较为方便，开发周期也较短。

7.2.2　可编程逻辑控制器

可编程逻辑控制器（Programmable Logic Controller，PLC），一种具有微处理器的用于自动化控制的数字运算控制器，可以将控制指令随时载入内存进行储存与执行。可编程控制器由 CPU、指令及数据内存、输入/输出接口、电源、数字模拟转换等功能单元组成。早期的可编程逻辑控制器只有逻辑控制的功能，所以被命名为可编程逻辑控制器，后来随着不断地发展，这些当初功能简单的计算机模块已经有了包括逻辑控制、时序控制、模拟控制、多机通信等各类功能，名称也改为可编程控制器（Programmable Controller），但是由于它的简写PC 与个人电脑（Personal Computer）的简写相冲突，加上习惯的原因，人们还是经常使用可编程逻辑控制器这一称呼，并仍使用 PLC 这一缩写。

现在工业上使用的可编程逻辑控制器已经相当或接近于一台紧凑型电脑的主机，其在扩展性和可靠性方面的优势使其被广泛应用于目前的各类工业控制领域。不管是在计算机直接控制系统还是集中分散式控制系统 DCS，或者现场总线控制系统 FCS 中，总是有各类PLC 控制器的大量使用。PLC 的生产厂商很多，如西门子、施耐德、三菱、台达等，几乎涉及工业自动化领域的厂商都会有其 PLC 产品提供。

可编程逻辑控制器根据其硬件结构可以分为一体型、基本单元加扩展型、模块式、分布式等不同类型，根据其 I/O 点数、运算性能、扩展性、总体规模等可分为小型、中型和大型可编程逻辑控制器。一体型 PLC 将电源、CPU、存储单元、通信接口和 I/O 接口等部件做在一起，基本无扩展能力；基本单元加扩展型比一体型稍作改进，往往可以扩展数量较少的功能模块，图 7.3 为西门子 S7 - 200PLC；模块式 PLC 系统的电源模块、CPU 模块、I/O 模块以及通信等都是以独立的形式存储，通过底板或连接件按照一定的顺序进行组态构成系统，图 7.4 为西门子 S7 - 300PLC；分布式相对模块式而言，其 I/O 模块、通信单元等可以和 CPU

模块不在一起,在距离上根据通信接口的不同可间隔几百米甚至数十千米,更适合大型分布式控制系统的搭建。一般地,一体型、基本单元加扩展型属于小型 PLC,如西门子 S7 – 200 和 S7 – 1200系列,而模块式、分布式属于中等或大型 PLC 系统,如西门子 S7 – 300 和 S7 – 400 系列。

图 7.3　西门子 S7 – 200PLC

图 7.4　西门子 S7 – 300PLC

以 PLC 为中心搭建测控系统时,应仔细阅读厂家的选型手册以及技术手册,了解其资源和性能以及接口规范,才能做好系统方案的设计。PLC 的软件开发通常都是专用的软件环境,不同厂家的开发软件并不通用,但其思路和方法基本一致。软件开发首先是系统的组态、通信参数的设置等,然后是控制程序的编写,对于一般系统而言多采用梯形图方式,比较形象易懂。

7.2.3　单片机

单片机又称微控制器(Microcontroller),是把 CPU、存储器、定时/计数器、输入/输出接口等都集成到一片集成电路芯片上的微型计算机。按照这样的定义,目前较为流行的 MCS-51、AVR 甚至 ARM 和 TI 的 DSP 都可认为是单片机的范畴。相对个人计算机中的通用 CPU 而言,单片机具有高度集成、体积小和成本低等优点,在仪器仪表、工控行业使用较多。多数温控仪表、智能调节器等基本都是基于单片机而设计,实际上多数 PLC 也是采用单片机作为主控单元。

单片机的生产厂家很多,品种也很多,所以可供选择的余地非常大。选型时需要关注其 CPU 位宽、内部资源的多少、工作频率、软件开发的便利程度以及技术支持等。通常位宽、主频越高的性能也越高;需要上 Linux 等操作系统的可选择 ARM;如果需要运行较多傅里叶变换等信号处理算法的可选用 DSP。

以单片机为核心的系统设计包括软件和硬件设计。硬件设计应根据系统需求选择合适的电源电路、功能芯片等完成硬件原理图的设计以及 PCB 设计,设计时需要用到电路设计软件和仿真软件,在完成电路制作后还需要进行硬件的基本测试,相对 PLC 和工控机的系统硬件设计部分工作相对繁琐,但硬件成本要低。软件设计如选用的是较为通用的系列,如

MCS-51和ARM,则开发工具既可以选择如 IAR、KEIL 这类第三方的软件也可以选用厂家的开发环境,否则只能选择单片机厂商提供的开发软件。总的来说如果功能类似的系统,以单片机为中心设计时其工作量较大,且涉及软硬件层面,开发周期也相对较长,最大的好处是直接成本低,因此单片机系统一般更适合专用系统或批量的产品。

市场上销售的各类智能调节仪就是典型的以单片机为中心设计的产品,如图 7.5 所示为常见的温控仪。智能调节仪也可以认为是一类独立的控制器实现方式。这类仪表一般用在简单的单机控制场合,能直接连接传感器,内置有 PID 等控制算法,可以通过简单设置构成一个小控制系统,具有成本低、系统简单的特点,有的温控仪表也配备 RS-485 等接口,可以和 PLC 等通信融入其他控制系统中去。

图 7.5 温控仪

7.3 基于工控机和 PLC 的橡胶硫化过程控制系统实例

7.3.1 项目背景和需求

胶辊、轮胎等橡胶制品的生产中,硫化通常是成品前的关键和必备环节,硫化效果直接影响产品的抗拉力、硬度、老化、弹性等性能。硫化工艺的三要素是温度、压力和时间,产品的材料、用途、形状等不同对这三要素的控制要求也不同。早期的硫化过程控制多采用调节仪表的方式,部分厂家甚至仍然在采用继电器或人工控制,导致生产效率和产品的一致性较差,产品质量时好时坏,因此采用计算机控制技术对硫化控制设备的控制系统进行重新设计和改造很有必要。

分析硫化过程的工艺,从控制系统的角度看关注对温度、压力和时间的可控。具体的参数可以分析其工艺过程、查阅资料等获取,也可以通过和相关工艺技术人员的交流获知。

硫化过程中的温度控制主要是通过加热从室温升到指定的温度,最高温度一般在250 ℃以内,精度要求 1 ℃;硫化过程中的压力最高到 1 000 kPa,精度 10 kPa;很多橡胶制品的硫化加热过程是分段进行的,每段的时间通常在几十分钟到几个小时,这种延时在程序中可以简单实现。

通过对硫化过程的分析,其主要控制参数可以确定。但需求分析中仅仅知道控制参数其实还远远不够,其他如用户希望的操作方式以及其他功能、执行机构的控制方式、设备的工作环境和成本等都需要沟通和确定才能进行后续的方案设计。作为产品质量控制的一步,现在的客户通常都希望其生产过程可追溯,因此硫化过程的参数记录是必需的,记录的周期是多长,采用何种记录方式? 运行过程的实时监控也是现在很多工控产品基本的功能,是采用触摸屏还是普通显示器作为显示方式? 诸如此类的问题都需在这一环节细化、确定。

7.3.2 系统方案讨论与分析

系统方案设计通常先确定系统的结构和控制的选型,然后再进行传感器、变送器、执行器等部件的选型。当然实际工程中某些部件可能因为用户的要求或与现有设备的配套等原因已经确定不好更改了,这时更多考虑的就是和它们的匹配。

对橡胶硫化控制设备而言,不同的用户要求并不一样,其属于定制型的产品,因此在控制器选择时选用单片机并不是一个优先的方案,开发周期长、工作量大,考虑人工成本等原因综合算下来在总体造价上并无优势。由于需要存储一定量的数据以及回看,又要求能够观察实时曲线等,因此采用工控机是一个优选的方案。

当涉及模拟量和数字量的输入/输出时,采用工控机就需要扩展数据采集卡才能实现。多数数据采集卡其输入模拟量信号比较单一,也无法直接驱动如继电器这类电气部件,因此还需要增加额外的变换模块和驱动模块。综合而言,采用数据采集卡扩展的方法,单扩展的成本通常已经高于一个小型 PLC 的成本,而且在抗干扰、距离等方面也不占优势。选用合适的小型 PLC 和工控机组合,组成上下位机模式,工控机作为上位机实现人机界面、存储等功能,PLC 作为下位机实现现场的数据采集、控制输出等功能,由于工控机和 PLC 之间常采用 RS-485、RS-232 等接口方式,通信抗干扰能力较强,也扩展了控制距离。

根据温度、压力的范围和精度要求以及和 AD 模块接口信号的匹配,选择铂电阻和应变片原理的传感变送二合一的 4 mA~20 mA 输出的温度和压力传感器。硫化过程中的温度和压力控制是采用输入热蒸汽和压缩空气实现,其执行器是电磁阀,因此可直接数字量控制。

系统的组成结构如图 7.6 所示,上位机运行基于组态王软件开发的用户程序;下位机选用三菱 FX2N-32MR PLC 并配置 FX2N-4AD 模拟量输入模块,该 PLC 具备 32 点的数字量输入和输出,连接至按钮、现场行程开关和控制电磁阀的开启,FX2N-4AD 为 4 通道模拟量转换模块,最大分辨率 12 位,可通过软件设置成对 4 mA~20 mA、−20 mA~20 mA 和 −10 mA~10 V 等信号进行 AD 转换,与现场温度和压力传感变送器相连以获取温度和压力值。工控机和 PLC 及

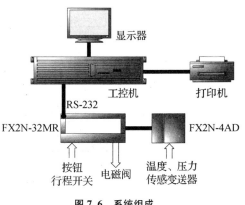

图 7.6 系统组成

相关模块等安装在同一电气柜内,两者距离近,同时硫化设备中并无大的电气干扰源,因此上下位机通信直接采用 RS-232 方式。

为避免操作人员的误操作或运行其他无关程序等原因,加上工控机的软件复杂性和系统的开放性,其可靠性一般要比 PLC 逊色一些,为避免工控机可能的死机现象而中断硫化过程造成生产事故,在设计时将硫化的核心控制运算全部由 PLC 完成,这样即使上位工控机发生死机等情况时其损失的仅是死机到重启这段时间的现场数据而不会影响硫化过程。

系统工作时在上位工控机设置和修改的控制参数以及 PLC 采集到的传感器等数据会进行相互的映射。工控机会保存温度、压力等参数值,而 PLC 根据采集到的温度、压力值和设置的控制参数进行运算,控制相关电磁阀的动作,最终达到温度和压力控制的目的。

7.3.3　系统详细设计

在进行详细设计的时候还需对方案设计中形成的总体方案进一步细化和确认,并进行人员分工,即使对于完全由一个人完成的小项目而言也应进一步分解不同部分的变量对应关系、接口关系等,形成技术文件。就本系统而言,其工作可分为硬件设计、软件设计。硬件设计主要包括零部件的选型和计算、电气原理图设计、接线图设计、施工图和注意事项等。软件设计可分为工控机端和 PLC 端两部分软件,应把两者之间需要交换的数据定义一个变量表以便于软件设计"出借",并规定具体什么功能由哪一部分完成以及程序流程等。

1) PLC 端的软件设计

分析硫化过程的控制要求,将 PLC 的程序编制分为两个模式:一,手动模式,通过电柜面板上的开关、按钮——对应控制各电磁阀和罐门开关电机的运行,该模式主要用于设备的检修;二,自动模式,该模式分为两个量即压力和温度的控制,压力的控制为硫化全过程恒值,温度为分多段进行升温、恒温控制,压力和温度的控制均采用 PID 控制,两 PID 回路各自独立。程序主流程如图 7.7 所示。

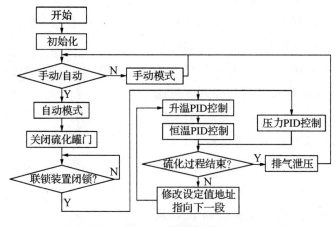

图 7.7　程序流程图

PLC 程序设计的关键在于温度和压力控制,首先要选定合适且易于实现的控制算法。PID 算法使用时无需精确的系统数学模型、各参数的整定也较为容易,已成为工业控制中应用较为广泛的算法之一,大部分调节仪表、PLC 和组态软件通常都将 PID 算法作为标准配置。本设计中利用三菱 FX2N PLC 的 PID 应用指令来实现温度和压力的调节。

PID 应用指令在使用时需要正确设置好动作方向,并注意在运算过程中用到的一些数据区域不要与其他程序发生冲突。另外,由于本系统中选用普通电磁阀作为管路的控制元件,而 PID 算法的输出为模拟量,两者并不匹配,因此要对 PID 输出的值进行相应的处理。具体是将 PID 的输出与固定周期内电磁阀的开关时间相对应,当 PID 的输出为最大值时对应为整个周期 T 内电磁阀完全打开,为最小值时电磁阀关闭,处于最大值和最小值之间时按比例对应电磁阀的打开时间,如图 7.8 所示。

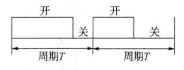

图 7.8　PID 输出控制电磁阀原理图

硫化过程对升温速度也有要求,需要根据升温的起点和终点值以及升温时间来计算升温过程各时间点上的具体设置值以供 PID 控制使用。设计中采用 PLC 的斜坡指令 RAMP 来计算升温过程中各时间的具体温度设置值,其本质是通过改变程序固定扫描周期从而改变 RAMP 指令的递增或递减速度从而对应不同的升温速度,但需要注意的是固定扫描周期的设置不应小于程序的实际扫描周期、也不应大于 PLC 的看门狗复位时间,否则会引起 PLC 内部故障或计算不准确。此种方法相比由上位机进行计算并将数据实时映射到 PLC 的内部寄存器而言,PLC 无需依赖上位机即可相对独立运行,可靠性更高。

2)工控机软件开发

工控机软件的开发通常有两类方式,一是采用 C 等高级语言从底层驱动开始完全自主开发,二是选用组态软件进行二次开发。前者耗时长、难度大但软件购置费用低,当装机数量较多时能体现一定的成本优势,后者开发简单、周期短、工作量小。设计中选用组态王 6.53 软件进行二次开发。组态王软件具有脚本编辑功能、实时趋势监视功能、历史数据管理功能和报表管理等,并内置了与主流 PLC 和仪表的通信驱动程序,开发起来较为方便。

利用组态王的图库和控件对人机界面进行组态,将硫化的过程和参数形象化、实时地再现,使操作人员对硫化过程一目了然。主画面包括硫化罐、电磁阀、管路、温度和压力的实时值以及趋势曲线等,如图 7.9 所示。

各参数的显示和设置通过定义变量与 PLC 内的数据空间进行映射,经过 RS-232 通信接口进行数据交换,完成实时显示和参数下载。历史曲线的显示和打印功能则是利用组态王自带的历史趋势曲线控件来完成,将要保存的温度、压力等参数变量设置成记录状态,每次运行时软件将会根据设置的记录方式将数据存储,从而可在历史趋势曲线中调用显示和打印。

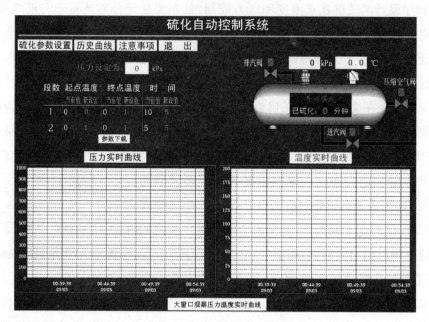

图 7.9　上位软件主画面

7.3.4　安装与调试

在系统的安装布线中需要考虑抗干扰的问题,硬件抗干扰是本,软件抗干扰为辅。具体措施为:一,降低电网干扰,如周围有电机、电感应炉等大功率设备应考虑加入隔离变压器以降低周围设备对系统的干扰;二,布线时注意交流电和传感器信号线分槽走线,尽量远离和避免平行走线,传感器信号线应选用优质的屏蔽线并注意接地方式的选择,必要时可在 AD 模块之前加上信号隔离模块;三,软件上可对 AD 模块和 PLC 进行相应的设置以进行数字滤波。

开始调试时可将系统放在手动模式,切断热源和压缩空气源。逐步查看 I/O 口动作对应关系是否正确,传感器回路是否能正确反应等,调试时主要是对温度和压力两个回路进行 PID 参数的整定,可采用简单易行的阶跃响应法对 PID 参数进行初步确定,在此基础上再根据实际运行结果多次试验逐步微调到满意的精度和响应要求,调节时可通过减小电磁阀输出周期的方式来配合进行参数整定,但该周期不宜过小,以免电磁阀频繁动作致其寿命缩短。

习 题 7

7.1 列表比较 PLC、工控机、单片机、智能调节器等控制器在成本、体积、使用场合、系统规模和开发方式等方面的差异。

7.2 查阅资料分析工控触摸屏和 PLC、工控机等之间的关系以及在控制系统搭建中的作用。

7.3 试以所学的单片机为控制核心进行一电饭煲温控系统的原理性设计,给出系统需求、方案分析、主要零部件选型以及详细设计时的注意点。

7.4 查阅资料分析工程中常用的控制算法有哪些,在 PLC、工控机中如何实现?

7.5 抗干扰设计在计算机控制系统中如何体现,一般的方法有哪些?

参 考 文 献

[1] 陈在平. 现场总线及工业控制网络技术[M]. 北京:电子工业出版社,2008

[2] 高春甫,艾学忠. 微机测控技术[M]. 北京:科学出版社,2005

[3] 顾德英,张健,马淑华. 计算机控制技术[M]. 北京:北京邮电大学出版社,2005

[4] 桂小林. 微型计算机接口技术[M]. 北京:高等教育出版社,2010

[5] 郭保青. 单片机原理与接口技术[M]. 北京:北京交通大学出版社,2012

[6] 何坚强. 计算机测控系统设计与应用[M]. 北京:中国电力出版社,2012

[7] 何立民. 单片机高级教程(应用与设计)[M]. 北京:北京航空航天大学出版社,2007

[8] 何小阳. 计算机控制技术[M]. 重庆:重庆大学出版社,2010

[9] 李正军. 计算机测控系统设计与应用[M]. 北京:机械工业出版社,2004

[10] 李正军. 计算机控制系统[M]. 北京:机械工业出版社,2009

[11] 刘士荣. 计算机控制系统[M]. 北京:机械工业出版社,2012

[12] 孟飞,潘雪涛,张亚锋. 基于 PLC 和组态软件的橡胶硫化设备控制系统开发[J]. 电气应用,2011(4)28 - 30

[13] 饶运涛,邹继军,郑勇芸. 现场总线 CAN 原理与应用技术[M]. 北京:北京航空航天大学出版社,2003

[14] 孙德辉. 微型计算机控制系统[M]. 北京:冶金工业出版社,2002

[15] 台方. 微型计算机控制技术[M]. 北京:中国水利水电出版社,2001

[16] 汤楠,穆向阳. 计算机控制技术[M]. 西安:西安电子科技大学出版社,2009

[17] 王建华. 计算机控制技术[M]. 北京:高等教育出版社,2009

[18] 王平,肖琼. 计算机控制系统[M]. 北京:高等教育出版社,2004

[19] 王勤. 计算机控制技术[M]. 南京:东南大学出版社,2003

[20] 夏扬. 计算机控制技术[M]. 北京:机械工业出版社,2004

[21] 徐大诚,邹丽新,丁建强. 微型计算机控制技术及应用[M]. 北京:高等教育出版

社,2003

[22] 徐凤霞,刘福荣. 微型计算机控制技术[M]. 哈尔滨:哈尔滨地图出版社,2005

[23] 于海生,丁军航,潘松峰,等. 微型计算机控制技术[M]. 2版. 北京:清华大学出版社,2009

[24] 于海生. 计算机控制技术[M]. 北京:机械工业出版社,2013

[25] 张春光. 微型计算机控制技术[M]. 北京:化学工业出版社,2002

[26] 张燕红. 计算机控制技术[M]. 南京:东南大学出版社,2013

[27] 赵邦信. 计算机控制技术[M]. 北京:科学出版社,2008